FÜNFSTELLIGE TABELLEN
ZU DEN ELLIPTISCHEN FUNKTIONEN

DARGESTELLT MITTELS DES
JACOBISCHEN PARAMETERS q

VON

M. SCHULER
DR.-ING. PROFESSOR EMERITUS
UNIVERSITÄT GÖTTINGEN

H. GEBELEIN
DR. PHIL. HABIL. DOZENT
BAMBERG

MIT EINEM ENGLISCHEN TEXT VON LAURITZ S. LARSEN, B. S.

MIT 11 ABBILDUNGEN

Springer-Verlag Berlin Heidelberg GmbH
1955

FIVE PLACE TABLES

OF ELLIPTICAL FUNCTIONS

BASED ON

JACOBI'S PARAMETER q

BY

M. SCHULER

DR.-ING. PROFESSOR EMERITUS
UNIVERSITY OF GÖTTINGEN

H. GEBELEIN

DR. PHIL. HABIL.
BAMBERG

WITH AN ENGLISH TEXT BY LAURITZ S. LARSEN, B. S.

WITH 11 FIGURES

Springer-Verlag Berlin Heidelberg GmbH
1955

ISBN 978-3-662-39208-9   ISBN 978-3-662-40217-7 (eBook)
DOI 10.1007/978-3-662-40217-7

Vorwort

Mein Leben lang habe ich, insbesondere durch die Arbeit an Kreiselproblemen, viel mit der numerischen Auswertung von elliptischen Funktionen zu tun gehabt und dabei festgestellt, daß alle vorhandenen Tafeln in keiner Weise den Ansprüchen des Praktikers genügen, weil sie sich sehr schlecht zur Ermittlung von Zwischenwerten durch Interpolation eignen. Ich habe daher schon seit Jahrzehnten nach Mitarbeitern gesucht, um neue Tabellen für die elliptischen Funktionen zu schaffen, die in dieser Hinsicht besser befriedigen. Dabei war mein Leitgedanke, ob es nicht vorteilhafter sei, statt mit dem Legendreschen Modul Θ mit dem Jacobischen Parameter q zu arbeiten, welcher in den außergewöhnlich gut konvergierenden Reihen der Jacobischen Thetafunktionen auftritt.

Dieser Plan kam endlich im Frühjahr 1951 zur Ausführung, als es mir gelang, Herrn Dr. H. GEBELEIN, einen früheren Schüler und Mitarbeiter von mir, für das Problem zu gewinnen. Herr GEBELEIN arbeitete zunächst einen Entwicklungs- und Rechnungsplan aus. Durch Forschungsstipendien, die mir die Deutsche Forschungsgemeinschaft für die Jahre 1951 bis 1954 genehmigte, wurde es mir möglich, daß unter meiner Leitung Herr GEBELEIN zunächst allein und später unter Zuziehen eines Hilfsassistenten, des Herrn stud. math. BERTHOLD SCHNEIDER, die umfangreichen Berechnungen durchführen konnte. Zur Ausrüstung des Rechenbüros für diese Arbeit stellte die Deutsche Forschungsgemeinschaft eine zehnstellige Rechenmaschine, Olivetti Divisumma, zur Verfügung, während das Mathematische Institut der Universität Göttingen leihweise eine Brunswiga 20 und die zehnstelligen Logarithmentafeln von Peters überließ.

Bei dem neuen Tafelwerk war für mich der oberste Grundsatz die Forderung nach guter Interpolierbarkeit, so daß jeder Zwischenwert leicht mit der Genauigkeit der Tafelwerte entnommen werden kann. Dies ist deshalb hierbei so schwierig, weil es sich um Funktionen zweier Veränderlicher handelt. Die angestrebte Interpolierbarkeit durch Verfeinerung der Unterteilung zu erreichen, ist bei den bisher veröffentlichten Funktionentafeln aussichtslos, da dann jeder tragbare Umfang überschritten würde. Da auf jeden Fall nur ein ziemlich weitmaschiges Netz von Gitterpunkten in Frage kommt, wurde von Herrn GEBELEIN systematisch nach Funktionen gesucht, die in den interessierenden

Bereichen sich nahezu linear oder quadratisch hinsichtlich beider
Veränderlicher verhalten. In der Tat erwies sich hierfür der Jacobische
Parameter q gegenüber dem Legendreschen Modul Θ als unvergleichlich
viel besser geeignet. Allerdings hatte die Verwendung von q zur Folge,
daß alle Werte der Funktionen, bei denen q als Variable vorkommt, für
das vorliegende Tafelwerk vollständig neu berechnet werden mußten.

In den Tabellen I und II des vorliegenden Werkes sind die für die
Praxis besonders wichtigen Jacobischen elliptischen Funktionen in
einer Weise dargestellt, die der Forderung nach guter Interpolierbarkeit Rechnung trägt. Zu diesem Zwecke sind nicht die Funktionen
sn u, cn u und dn u selbst wiedergegeben sondern die Größen

$$\lg \frac{\text{sn } u}{\sin x} \; ; \quad \lg \frac{\text{cn } u}{\cos x} \quad \text{und} \quad \lg \text{dn } u \; ;$$

und zwar in Abhängigkeit von q und $z = \cos 2x = \cos \frac{\pi}{K} u$. Durch die
Angabe dieser Funktionswerte erhält man also eine Ergänzung der
Logarithmentafel zu einer solchen für die Logarithmen der Jacobischen elliptischen Funktionen. Der Wert q läuft in diesen Tabellen
von o bis 0,50. Zu $q = 0,50$ gehört der Legendresche Modul
$\Theta = 89° 48,87'$, was für die Praxis durchaus genügen dürfte.

Noch besser wie die in den Tabellen I und II dargestellten Funktionen erfüllen jedoch die Bedingungen für gute Interpolierbarkeit
zwei neue Funktionen $\overline{G}$ und $\overline{H}$, aus denen durch kurze elementare
Rechnung die Jacobischen Thetafunktionen zu gewinnen sind. Auch
diese Funktionen $\overline{G}$ und $\overline{H}$ hängen von den beiden Veränderlichen z
und q ab wie die Funktionen der Tabellen I und II; sie bilden den
Inhalt der Tabellen III und IV dieses Werkes. Mit diesen Größen hat
man ein neues Hilfsmittel, um recht allgemeine Probleme mit elliptischen Funktionen numerisch zu lösen, ebenso wie dies in der Theorie
mittels der Thetafunktionen möglich ist.

Die bei diesen Tabellen vorgenommene Umstellung von dem
Legendreschen Modul Θ auf den Jacobischen Parameter q erfordert
noch Hilfsmittel für die Umrechnung zwischen diesen beiden Größen.
Dazu dient die Tabelle V, welche ebenfalls fast lineare Zusammen-
hänge benutzt. Dort werden als Funktionen der unabhängigen Veränderlichen $-\lg \cos \Theta$ die drei Größen

$$\frac{1}{1-q} \; ; \quad K(q) \quad \text{und} \quad \frac{K}{E}$$

mitgeteilt.

Um dem Grundgedanken der guten Interpolierbarkeit zu genügen,
sind bei allen Tabellen die ersten Differenzen und, wo es nötig ist,
auch die zweiten Differenzen angegeben. Ferner sind in der Ein-

führung die notwendigen Interpolationsformeln mitgeteilt. Auch ist in Tabelle VI eine Hilfstabelle gegeben, um die Everettsche Interpolationsformel leicht anwenden zu können.

Das vorliegende fünfstellige Tabellenwerk ist hauptsächlich für Physiker, Ingenieure usw. bestimmt. Wenn die fünfstellige Genauigkeit dieses Tafelwerks nicht ausreicht, so steht aus dem gleichen Verlag von denselben Verfassern die große Ausgabe zur Verfügung, welche alle Funktionen auf acht oder neun Stellen enthält. Zu den Hilfsfunktionen $\bar{G}$ und $\bar{H}$ ist noch zu bemerken, daß bei der großen Ausgabe mit Rücksicht auf die wesentlich höheren Genauigkeitsansprüche dieser Ausgabe dort zwei etwas andere Hilfsfunktionen G und H tabelliert sind. Zwischen den Hilfsfunktionen in beiden Ausgaben gilt der Zusammenhang:

$$\bar{G} = 1 - q^2 G \; ; \qquad \bar{H} = 1 + qH.$$

Man kann also durch elementare Rechnung die Hilfsfunktionen $\bar{G}$ und $\bar{H}$ aus den Hilfsfunktionen G und H herleiten.

Es ist mir eine angenehme Pflicht, allen Helfern herzlich zu danken. Vor allen Dingen gilt mein Dank der Deutschen Forschungsgemeinschaft, die durch ihre tatkräftige Unterstützung die Durchführung dieses Werkes erst ermöglichte. Besonders bin ich Herrn Dr. GEBELEIN zu Dank verpflichtet, daß er das von mir angeschnittene Problem so energisch angefaßt hat und mit Tatkraft und Zähigkeit vier Jahre lang die mühevollen und langwierigen Rechenarbeiten fast allein durchgeführt hat. Weiterhin danke ich einer Reihe von Fachkollegen für ihren Rat und förderndes Interesse, und Mr. LAURITZ S. LARSEN für die Abfassung des englischen Textes.

Dem Springer-Verlag danke ich, daß er es unternommen hat, die Herausgabe dieses Werkes in die Hand zu nehmen und für die gute Ausstattung zu sorgen.

Göttingen, im Oktober 1955

M. SCHULER

Preface

Throughout my professional life, especially in work on gyro-mechanics, I have frequently used elliptic functions in the evalution of results.

In doing this type of work I became convinced that all of the available tables were completaly inadequate to the requirements of the user, because they were very poorly adapted to the determination of intermediate values through interpolation. Consequently for the past decade I have sought co-workers to prepare new elliptic function tables which would be better suited in this respect. My main thought was that it might be more advantageous to work with Jacobi's parameter q which appears in the extraordinarily well converging series of Jacobi's theta functions, rather than with Legendre's modulus Θ.

This plan was ultimately realized in the spring of 1951 when I succeeded in enlisting the assistance of Dr. H. GEBELEIN, my former student and colleague, to tackle the problem. Dr. GEBELEIN thereupon worked out the development and calculation program which found the support of the German Research Association (Die Deutsche Forschungsgemein-schaft). A research grant from this association during the years 1951 to 1954 enabled Dr. GEBELEIN to accomplish the extensive computations, first alone, and later with the aid of an assistant, a student of mathematics BERTHOLD SCHNEIDER. As calculating equipment, an Olivetti 10-place Divisumma was furnished by the German Research Association, and a Brunswiga 20 as well as a Peter's 10-place table of logarithms by the Mathematical Institute at the University of Göttingen.

The chief purpose of the new tables was to provide the ability to make interpolations easily and with accuracy equivalent to that of the tabular values. This is rather difficult since the functions in question have two variables. To increase the subdivision of the elliptic functions used in previously published tables is hopeless, because they would then exceed all reasonable size. Since only a rather loose system of fundamental points is applicable, Dr. GEBELEIN searched systematically for functions which, in the range of interest, are almost linear or quadratic with respect to both variables within usable range. Indeed, Jacobi's parameter q in this regard proves to be much more suitable than Legendre's modulus Θ. However, use of Jacobi's parameter q necessitated that all the values dependent upon the variable q be completely computed anew for these tables.

In tables I and II the Jacobian elliptic functions, which are especially important for practical use, are presented in such a way that they meet the requirements for good interpolation. For this purpose, instead of the functions sn u, cn u and dn u the values

$$\lg \frac{\operatorname{sn} u}{\sin x}\;;\quad \lg \frac{\operatorname{cn} u}{\cos x}\quad \text{and}\quad \lg \operatorname{dn} u\,[1]$$

are given as functions of q and $z = \cos 2x = \cos \dfrac{\pi}{K}\, u$. By this method the ordinary logarithmic table is elevated to a table of logarithms for the Jacobian elliptic functions. The value of q goes from 0 to 0,50. When $q = 0,50$, Legendre's modulus $\Theta = 89° \, 48,87'$; this should be quite sufficient for ordinary requirements.

Two new functions $\overline{G}$ and $\overline{H}$, from which the Jacobian theta functions can be obtained by simple calculations, fulfill the need for good interpolation even better than the functions in tables I and II. ·The functions $\overline{G}$ and $\overline{H}$ also depend on the two variables z and q, just like the functions in tables I and II. They form the content of tables III and IV of this work. These tables make it practicable to solve numerically all common problems involving elliptic functions, just as this is possible in theory by means of the theta functions.

The use of Jacobi's parameter q instead of Legendre's moduls Θ requires a conversion table for these two quantities. This is the purpose of table V which is also based on almost linear relations, namely between the values of

$$\frac{1}{1-q}\;;\qquad K(q)\qquad \text{and}\qquad K/E,$$

and the independent variable $-\lg \cos \Theta$. The values K and E for $-\lg \cos \Theta > 0,5$ have been taken from a table by E. L. Kaplan (Journ. of Math. Phys., Vol. 25, 1946, p. 26—36).

In order to satisfy the basic requirement of good interpolation, all the tables give the first differences, and some parts also the second differences. The necessary interpolation formulas are included in the Introduction. In table VI is also given an auxiliary table which makes it possible to apply Everett's interpolation method in a convenient way.

These 5-place tables are chiefly intended for use by physicists, engineers and surveyors, etc. If 5-place accuracy is insufficient, the larger 8 to 9-place edition by the same authors, also published by the Springer-Verlag, may be used.

With respect to the auxiliary functions $\overline{G}$ and $\overline{H}$ it should be noted that in consideration of the greater accuracy demanded of the larger

---

[1] In these tables, logarithms to the base 10 are denoted by ,,lg“.

edition, two somewhat different auxiliary functions, namely G and H, are tabulated therein. The auxiliary functions of both editions are related as follows:

$$\overline{G} = 1 - q^2 G ; \qquad \overline{H} = 1 + qH.$$

Hence, by simple calculation, it is possible to obtain the auxiliary functions $\overline{G}$ and $\overline{H}$ from the auxiliary functions G and H.

I am indebted to Dr. GEBELEIN for the energetic way in which the problem was approached and solved, and for carrying out the difficult computations for four years almost alone. Furthermore, it is a pleasure to express my gratitude to the German Research Association for its effective support, to the Mathematical Institute at the University of Göttingen for furnishing valuable mathematical equipment, to the many colleagues for their suggestions and encouraging interest, and to Mr. LAURITZ S. LARSEN for the English text. My thanks are also due to the Springer-Verlag for its endeavour in publishing the work, and for its appearance in such a handsome format.

Göttingen, in October 1955

M. SCHULER

Inhaltsverzeichnis

Contents

Einführung

In dem vorliegenden Tafelwerk wird zum Unterschied zu den bisherigen Tabellen, die alle nach dem Legendreschen Modul Θ geordnet sind, der Jacobische Parameter q für die numerische Rechnung mit elliptischen Funktionen herangezogen. Die Tabellen I und II enthalten Funktionentafeln für die Arbeit mit den praktisch besonders wichtigen Jacobischen elliptischen Funktionen sn u, cn u und dn u. Zwei neue Funktionen $\overline{G}$ und $\overline{H}$, mit deren Hilfe die vier Jacobischen Thetafunktionen durch ganz einfache Rechnung zu gewinnen sind, bilden dann den Inhalt der Tabellen III und IV. In Tabelle V werden Hilfsmittel zur Umrechnung zwischen dem Legendreschen Modul Θ und dem Jacobischen Parameter q bereitgestellt. Alle diese Funktionen sind mit 5 Stellen hinter dem Komma angegeben. Schließlich ist in Tabelle VI eine Hilfstafel gegeben, um bequem die Everettsche Interpolationsformel anwenden zu können.

Erläuterungen zu den Tabellen I und II.

Die in diesem Teil des Tabellenwerkes wiedergegebenen Funktionen sind

$$\lg \frac{\text{sn}\,u}{\sin x} \; ; \qquad \lg \frac{\text{cn}\,u}{\cos x} \qquad \text{und} \qquad \lg \text{dn}\,u$$

in Abhängigkeit von q und $z = \cos 2x = \cos \dfrac{\pi}{K} u$. Hierbei bedeutet K das vollständige elliptische Integral erster Gattung zu dem betreffenden q bzw. Θ. Bei den so gewählten Funktionen ist es bemerkenswert, daß das Jacobische sn u mit der Kreisfunktion sin x und das Jacobische cn u mit der Kreisfunktion cos x verglichen wird. Dadurch wird das Augenmerk auf die Abweichungen der elliptischen Funktionen von den entsprechenden Kreisfunktionen gelegt. Daß die Logarithmen verwendet werden, ist besonders praktisch, weil auf diese Weise sofort die Logarithmen der Kreisfunktionen in die Logarithmen der elliptischen Funktionen verwandelt werden. Außerdem eignen sich die Tabellen in dieser Form besonders gut zur Ermittlung von Zwischenwerten durch Interpolation.

Anleitungen zur Interpolation.

Die gute Interpolierbarkeit dieser und der folgenden Tabellen beruht auf der Tatsache, daß die dargestellten Funktionen nahezu bilinear oder biquadratisch in den beiden Veränderlichen z und q sind.

1 **Schuler-Gebelein**, Elliptt. Funktionen (Kl. Ausgabe).

Wollte man nun die Interpolation hinsichtlich beider Variablen auf einmal ausführen, indem man von einer der Interpolationsformeln für zwei Veränderliche Gebrauch macht, so würde gerade dieser entscheidende Vorteil verlorengehen. Man muß daher stets zuerst nach der einen und anschließend nach der anderen Veränderlichen interpolieren, wobei es vom Einzelfall abhängt, welche Variable zweckmäßiger zuerst berücksichtigt wird. Aus diesem Grunde sind alle Funktionen zweimal mitgeteilt worden und zwar sowohl in Tabellen, welche nach z laufen, als auch in Tabellen, bei denen die Werte nach q laufen.

Es war das besondere Ziel dieser fünfstelligen Ausgabe, alles für den Gebrauch des Praktikers möglichst handlich zu machen und vor allem das Werk mit ausreichenden Interpolationshilfen für alle vorkommenden Fälle auszustatten. Es sind die Tabellen dort mit den ersten Differenzen versehen, wo lineare Interpolation ausreicht, oder wo die zweiten Differenzen sofort im Kopf dazu berechnet werden können. Die zweiten Differenzen wurden dort hinzugefügt, wo quadratische (oder auch kubische) Interpolation erforderlich wird. Wo aber auch kubische Interpolation nicht ausreicht, um Ergebnisse von der Genauigkeit der Tafelwerte zu erzielen, was nur bei Tabelle I für $q > 0,21$ eintritt, wurden in die Δ^2-Spalte die sogenannten modifizierten zweiten Differenzen für die Interpolation nach Everett eingetragen[1]. Diese modifizierten zweiten Differenzen sind kursiv gedruckt; sie weichen etwas von den Differenzen der danebenstehenden Δ-Werte ab.

Für die Interpolation gelten nun folgende Richtlinien:

a) Solange in Einheiten der 5. Stelle für die zweiten Differenzen die Bedingung $|\Delta^2| < 4$ erfüllt ist, reicht *lineare* Interpolation.

b) Wenn $|\Delta^2| > 4$ wird aber $|\Delta^3| < 8$ bleibt, ist *quadratische* Interpolation erforderlich und ausreichend. Für die quadratische Interpolation empfiehlt es sich, mit der Newtonschen Interpolationsformel zu arbeiten, deren hier interessierende Glieder für den Fall der Intervallbreite Eins folgendermaßen lauten:

$$f(y) = f(y_0 + t) = f(y_0) + t \cdot \Delta f + \frac{t(t-1)}{2} \Delta^2 f \qquad (1)$$

mit $\Delta f = f(y_0 + 1) - f(y_0)$ und $\Delta^2 f = f(y_0 + 2) - 2f(y_0 + 1) + f(y_0)$.

Die erste Differenz ist in den Tabellen eine halbe Zeile unter dem Funktionswert zu finden, die zweite Differenz wiederum eine halbe Zeile tiefer. Es ist praktisch, für die Anwendung der Formel (1) den Faktor t auszuklammern und korrigierte erste Differenzen

$$\overline{\Delta} f = \Delta f - \frac{1-t}{2} \Delta^2 f \qquad (2)$$

---

[1] Vgl. ZURMÜHL, Praktische Mathematik, S. 187; Springer-Verlag 1953.

zu benutzen. Damit wird wie bei linearer Interpolation

$$f(y) = f(y_0 + t) = f(y_0) + t \cdot \bar{\varDelta} f. \tag{3}$$

Wir vermerken noch die Entnahmevorschrift für die erste Ableitung

$$h \cdot f'(y) = h \cdot f'(y_0 + t) = \varDelta f + \left(t - \frac{1}{2}\right) \varDelta^2 f, \tag{4}$$

wobei h die Breite der Intervallschritte bedeutet. Diese beträgt bei den vorliegenden Tabellen stets 0,1 oder 0,01, was für die Benutzung der Tafeln angenehm ist.

Bei diesen Interpolationsformeln ist ebenso wie bei den folgenden Formeln:

y das vorliegende Argument,

y_0 der vorangehende Argumentwert in der Tafel,

$f(y_0)$ der Tafelwert an der Stelle y_0,

$f(y)$ der gesuchte Interpolationswert,

$t = (y - y_0)/h$ Bruchteil des Intervalls links von y,

$s = 1 - t$ Bruchteil des Intervalls rechts von y.

c) Wenn $|\varDelta^3| > 8$ wird, reicht auch quadratische Interpolation nicht mehr aus. Dann ist die Everettsche Interpolationsformel zu verwenden. Sie lautet

$$f(y) = f(y_0 + t) = f(y_0) + t \cdot \varDelta f + \binom{s+1}{3} \delta^2 f(y_0) + \binom{t+1}{3} \delta^2 f(y_1). \tag{5}$$

Dabei ist $s = 1 - t$. Die in Gl. (5) auftretenden Koeffizienten $\binom{s+1}{3}$ und $\binom{t+1}{3}$ sind Binomialkoeffizienten. Es ist

$$\binom{s+1}{3} = \frac{(s+1) \cdot s \cdot (s-1)}{1 \cdot 2 \cdot 3} \quad \text{und entsprechend}$$
$$\binom{t+1}{3} = \frac{(t+1) \cdot t \cdot (t-1)}{1 \cdot 2 \cdot 3}.$$

Die Werte $\binom{s+1}{3}$ und $\binom{t+1}{3}$ die in Gl. (5) vorkommen, sind in einer

Hilfstabelle (Tabelle VI) auf Seite 113/114 in Abhängigkeit von t und s zusammengestellt. Die Größen $\delta^2 f(y_0)$ bzw. $\delta^2 f(y_1)$ sind in Tabelle I die Größen, die in den $\varDelta^2$-Spalten in der Höhe von y_0 bzw. y_1 stehen (siehe nebenstehende Abbildung). Solange $|\varDelta^4| < 3$ ist, sind diese Größen noch mit den gewöhnlichen zweiten Differenzen identisch, und die Interpolation mit Formel (5) ist eine solche vom *dritten* Grade.

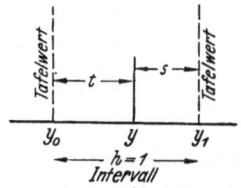

Definition der Größen
für die Interpolation

d) Für jene Bereiche aber, wo $|\varDelta^4| > 3$ ist, finden sich in den $\varDelta^2$-Spalten *kursiv* gedruckt die *modifizierten zweiten Differenzen*. Der

1*

Rechengang mittels Formel (5) ändert sich dadurch nicht. Jedoch wird das Ergebnis besser, als dies mit den gewöhnlichen zweiten Differenzen der Fall wäre. Das Verfahren ist dann nämlich gleichwertig einer Interpolation *fünften* Grades. Die Unsicherheit des Ergebnisses liegt unterhalb einer halben Einheit der fünften Stelle, solange $|\varDelta^4| < 1000$ bleibt. Nur bei den größten q-Werten der Tabelle I und in den untersten Zeilen tritt dieser kritische Fall ein. Die maximale Unsicherheit kann dann bis etwa zu zwei Einheiten der letzten Stelle ansteigen.

Erwähnt sei zum Schluß noch die Formel für die erste Ableitung auf Grund des Everettschen Interpolationspolynoms:

$$h \cdot f'(y) = h \cdot f'(y_0 + t) = \varDelta f - \frac{3 s^2 - 1}{6}\, \delta^2 f(y_0) + \frac{3 t^2 - 1}{6}\, \delta^2 f(y_1). \quad (6)$$

In der Hilfstabelle S. 113/114 sind die Koeffizienten $\binom{t+1}{3}$ für Gl. (5) und $\frac{3 t^2 - 1}{6}$ für Gl. (6) in Abhängigkeit von t und $s = (1 - t)$ zusammengestellt.

Erläuterungen zu den Tabellen III und IV.

Die Funktionen $\bar{G}$ und $\bar{H}$, die sich in diesen Tabellen finden, sind Abkömmlinge der Jacobischen Thetafunktionen. Es ist nämlich

$$\bar{G} = \frac{\vartheta_1(x)}{2\sqrt[4]{q}\,\sin x} \quad \text{und} \quad \bar{H} = \vartheta_3(x). \quad (7)$$

Da wegen der guten Interpolierbarkeit es darauf ankommt, Funktionen zu verwenden, welche in den interessierenden Bereichen hinsichtlich beider Veränderlichen fast linear oder quadratisch sind, wird statt der Variablen x bei diesen Funktionen die Variable $z = \cos 2x$ benutzt. Wenn man nämlich die bekannten Fourierreihen für die Thetafunktionen nach $z = \cos 2x$ umschreibt, so erhält man für $\bar{G}$ und $\bar{H}$ Potenzreihen in z und q, die folgendermaßen beginnen:

$$\left.\begin{aligned}
\bar{G}(q, z) &= 1 - q^2(1 + 2z) - q^6(1 - 2z + 4z^2) + \\
&\quad + q^{12}(1 + 4z - 4z^2 - 8z^3) + \cdots \\
\bar{H}(q, z) &= 1 + 2qz - q^4(2 - 4z) - q^9(6z - 8z^3) + \\
&\quad + q^{16}(2 - 16z^2 + 16z^4) + \cdots
\end{aligned}\right\} \quad (8)$$

Die außerordentlich guten Konvergenzeigenschaften der Thetareihen, die auf dem quadratischen Anwachsen der Exponenten von q beruhen, bestehen auch bei den Reihen (8) für $\bar{G}$ und $\bar{H}$.

Wie aus (7) und den Definitionen der ϑ-Funktionen folgt, kann man mittels $\bar{G}$ und $\bar{H}$ die vier Thetafunktionen und die Nullthetas folgendermaßen berechnen:

$$\begin{aligned}
&\vartheta_1(x) = 2\sqrt[4]{q}\sin x \cdot \bar{G}(+z), &&\vartheta_1'(0) = 2\sqrt[4]{q}\ \bar{G}(+1), \\
&\vartheta_2(x) = 2\sqrt[4]{q}\cos x \cdot \bar{G}(-z), &&\vartheta_2(0) = 2\sqrt[4]{q}\ \bar{G}(-1), \\
&\vartheta_3(x) = \bar{H}(z), &&\vartheta_3(0) = \bar{H}(+1), \\
&\vartheta_4(x) = \bar{H}(-z), &&\vartheta_4(0) = \bar{H}(-1).
\end{aligned} \right\} \quad (9)$$

Da fast alles, was man an elliptischen und verwandten Funktionen braucht, auf elementare Weise mittels der Thetafunktionen errechnet werden kann, gilt dasselbe wegen der Beziehungen (9) auch für die Funktionen $\bar{G}$ und $\bar{H}$. Aber auch die Ableitungen beliebiger elliptischer und verwandter Funktionen, deren Aufbau aus den Thetafunktionen bzw. aus den $\bar{G}$ und $\bar{H}$ bekannt ist, können mittels der vorliegenden Tabellen III und IV mit großer Genauigkeit gewonnen werden, da wegen der fast konstanten ersten bzw. zweiten Differenzen bei $\bar{G}$ und $\bar{H}$ auch die Ableitungen von $\bar{G}$ und $\bar{H}$ den Tafeln gut zu entnehmen sind.

Als Beispiele für die Zusammensetzung elliptischer Funktionen aus den $\bar{G}$ und $\bar{H}$ seien hier noch die betreffenden Formeln für die Jacobischen elliptischen Funktionen der Tabelle I und II genannt.

$$\frac{\mathrm{sn}\,u}{\sin x} = \frac{\bar{H}(+1)\ \bar{G}(+z)}{\bar{G}(-1)\ \bar{H}(-z)}\,; \qquad \frac{\mathrm{cn}\,u}{\cos x} = \frac{\bar{H}(-1)\ \bar{G}(-z)}{\bar{G}(-1)\ \bar{H}(-z)}\,; \left. \right\} \quad (10)$$
$$\mathrm{dn}\,u = \frac{\bar{H}(-1)\ \bar{H}(+z)}{\bar{H}(+1)\ \bar{H}(-z)}.$$

Erläuterung zur Tabelle V.

Für die Arbeit mit den vorliegenden Funktionentafeln ist es unbedingt erforderlich, den Zusammenhang zwischen dem Parameter q und dem Legendreschen Modul Θ bequem numerisch zu beherrschen. In Tabelle V wird zu diesem Zwecke ein fast linearer Zusammenhang zwischen q und Θ benutzt, indem $\frac{1}{1-q}$ als Funktion von $-\lg \cos \Theta$ dargestellt wird. Diese Variable, $-\lg \cos \Theta = -\lg k'$, ist übrigens auch geeignet, die vollständigen elliptischen Integrale erster und zweiter Gattung (K und E) besser wiederzugeben, als dies mittels Θ möglich ist. Daher enthält Tabelle V zusätzlich auch noch die Größen K und K/E in Abhängigkeit von $-\lg k'$.

Beispiele.

Es soll nun noch an Hand einer Reihe von typischen Aufgaben die Arbeit mit den Tafeln gezeigt werden.

Aufgabe 1 (zu Tabelle V):

Für den Legendreschen Modul $\Theta = 50° 42'$ sind die Größen q, K und E anzugeben.

Hierzu dient Tabelle V; es handelt sich hier um Interpolation nach einer einzigen Veränderlichen. Im vorliegenden Fall ist der Argumentwert $y = -\lg \cos \Theta = -\lg \cos 50° 42' = 0{,}19834$. Die Intervallschritte betragen 0,01. Ausgehend vom vorhergehenden Argumentwert $y_0 = 0{,}19$ beträgt der Bruchteil des Intervalls, längs dessen zu interpolieren ist, $t = \dfrac{y - 0{,}19}{0{,}01} = 0{,}834$. Es ist nach der Tafel S. 108 für die Berechnung von $\dfrac{1}{1-q}$ die erste Differenz $\varDelta = \overline{319}$, die zweite Differenz $\varDelta^2 = \bar{1}$. Hier und im folgenden bedeuten die überstrichenen Zahlen die Differenzenwerte aus den fünfstelligen Tafeln; sie sind also in Einheiten 10^{-5} zu lesen. Für die Berechnung von $\dfrac{1}{1-q}$ genügt lineare Interpolation. Es ist

$$\frac{1}{1-q} = 1{,}05761 + 0{,}834 \cdot \overline{319} = 1{,}05761 + \overline{266} = 1{,}06027,$$

und damit ergibt sich $q = \dfrac{0{,}06027}{1{,}06027} = 0{,}056844$.

Für die Berechnung von K ist $f(y_0) = 1{,}93175$, $\varDelta = \overline{1987}$ und $\varDelta^2 = \bar{8}$. Daher ist gerade noch quadratische Interpolation angezeigt. Die korrigierte Differenz nach (2) beträgt

$$\bar\varDelta = \overline{1987} - \frac{0{,}166}{2} \cdot \bar{8} = \overline{1986}.$$

Damit wird

$$K(q) = 1{,}93175 + 0{,}834 \cdot \overline{1986} = 1{,}93175 + \overline{1656} = 1{,}94831.$$

Ebenso verläuft die Berechnung von K/E. Dafür ist $f(y_0) = 1{,}47741$, $\varDelta = \overline{2684}$ und $\varDelta^2 = \overline{13}$. Mit $\bar\varDelta = \overline{2683}$ folgt

$$K/E = 1{,}47741 + 0{,}834 \cdot \overline{2683} = 1{,}47741 + \overline{2238} = 1{,}49979.$$

Daraus ergibt sich $E = \dfrac{1{,}94831}{1{,}49979} = 1{,}29906$.

Aufgabe 2 (zu Tabellen I und II).

Es soll sn u für $\Theta = 50° 42'$ und $x = 35° 30'$ berechnet werden.

Diese Aufgabe kann mittels Tabelle I und Tabelle II durchgeführt werden. Da im vorliegenden Fall für $\Theta = 50° 42'$ (siehe *Aufgabe 1*) $q = 0{,}056844$ ist, und da zu $x = 35° 30'$ der Wert $z = \cos 71° = 0{,}32557$ gehört, ist Interpolation nach beiden Veränderlichen erforderlich. An der in Rede stehenden Stelle genügt in z-Richtung lineare Interpolation (siehe Seite 29), während in q-Richtung quadratische Interpolation notwendig ist (siehe Seite 58); wir beginnen daher mit der Interpolation in z-Richtung. Dafür ist $z_0 = 0{,}3$ und $t_1 = \dfrac{z - 0{,}3}{0{,}1} = 0{,}2557$. Aus Tabelle I, Seite 29, wird nun ein kurzer Auszug entnommen, um durch Interpolation in z-Richtung eine kleine Tabelle für $\lg \frac{\mathrm{sn}\, u}{\sin x}$ als Funktion von q für das gewünschte z zu gewinnen:

	q	0,05	0,06	0,07
für $z_0 = 0{,}3$	$\lg \dfrac{\mathrm{sn}\, u}{\sin x}$	0,05180	0,06109	0,07003
	Δ	429	513	597
	$t_1 \cdot \Delta$	110	131	153
für das richtige z	$\lg \dfrac{\mathrm{sn}\, u}{\sin x}$	0,05290	0,06240	0,07156

Mit den Funktionswerten der letzten Zeile ist nun die zweite Interpolation in q-Richtung vorzunehmen, um, ausgehend von $q_0 = 0{,}05$, den Funktionswert für das richtige $q = 0{,}056844$ zu erhalten. Dazu ist mit $t_2 = \frac{q - 0{,}05}{0{,}01} = 0{,}6844$ zu rechnen. Es ist

$$f(q_0) = 0{,}05290, \quad \Delta = \overline{950} \quad \text{und} \quad \Delta^2 = -\overline{34}.$$

Übrigens hätte man sich hier die Berechnung der dritten Spalte (für $q = 0{,}07$) in der kleinen Tabelle ersparen können, denn nach Tabelle II, Seite 58, sind in dem fraglichen Gebiet die Δ^2 nahezu konstant, und man hätte dort den Wert für Δ^2 sofort genau genug entnehmen können.

Jedenfalls geschieht in bezug auf q quadratische Interpolation. Für diese ist die korrigierte erste Differenz

$$\bar{\Delta} = \overline{950} - \frac{0{,}3156}{2} \cdot (-\overline{34}) = \overline{950} + \bar{5} = \overline{955},$$

und damit wird

$$f(q) = 0{,}05290 + 0{,}6844 \cdot \overline{955} = 0{,}05290 + \overline{654} = 0{,}05944 = \lg \frac{\mathrm{sn}\, u}{\sin x}.$$

Es ist also bei diesem Beispiel

$$\frac{\mathrm{sn}\, u}{\sin x} = 1{,}1467,$$

d. h. der elliptische Sinus beträgt das $1{,}1467$ fache des Kreissinus. Andererseits ist mit $\lg \sin 35° 30' = 0{,}76395 - 1$ sofort $\lg \mathrm{sn}\, u = 0{,}82339 - 1$, und daraus erhält man

$$\mathrm{sn}\, u = 0{,}66587 \quad \text{gegenüber} \quad \sin 35° 30' = 0{,}58070.$$

Aufgabe 3 (zu Tabellen III und IV).

Die Thetafunktion $\vartheta_2(x)$ zum Legendreschen Modul $\Theta = 81°$ soll für $x = 40° 10'$ angegeben werden.

Zu $\Theta = 81°$ erhält man zunächst nach dem Rechengang der *Aufgabe 1* den Jacobischen Parameter

$$q = 0{,}21755 \quad \text{und dazu} \quad \sqrt[4]{q} = 0{,}68295.$$

Für die Berechnung des Funktionswertes $\vartheta_2(x)$ gilt nach Gl. (9)

$$\vartheta_2(x) = 2\sqrt[4]{q}\,\cos x \cdot \overline{G}(-z).$$

Die Rechnung ist für $q = 0{,}21755$ und für $x = 40°10'$, wozu $z = \cos 2x = \cos 80°20' = 0{,}16792$ gehört, durchzuführen; sie erfordert Interpolation nach beiden Veränderlichen für die Entnahme von $\overline{G}(-z)$. In der Umgebung der fraglichen Stelle sind für die Funktion $\overline{G}$ die Differenzen so beschaffen, daß nach Tabelle III (Seite 79) für die Interpolation nach z lineare Rechnung ausreicht, während nach Tabelle IV (Seite 95) für die q-Richtung quadratische Interpolation erforderlich ist. Es wird also zuerst in z-Richtung interpoliert. Dabei hat man von $\bar{z}_0 = -0{,}2$ auszugehen, um das richtige $= \bar{z} - z = -0{,}16792$ zu erreichen, das sich für $t_1 = \dfrac{\bar{z} + 0{,}2}{0{,}1} = 0{,}3208$ ergibt. Aus Tabelle III (Seite 79) entnimmt man

		q	0,21	0,22
für $\bar{z} = -0{,}2$	$\overline{G}(q,-0{,}2)$		0,97343	0,97082
	$\varDelta$		—881	—967
	$t_1 \cdot \varDelta$		—283	—310
für das richtige $\bar{z} = -z$	$\overline{G}(q,-z)$		0,97060	0,96772

Mit den Funktionswerten in der letzten Zeile geschieht dann die zweite Interpolation in q-Richtung, wobei ausgehend von $q_0 = 0{,}21$ mit $t_2 = 0{,}755$ zu rechnen ist, damit man den Wert für $q = 0{,}21755$ erhält. Es ist

$$f(q_0) = 0{,}97060, \quad \varDelta = -\overline{288} \quad \text{und} \quad \varDelta^2 = -\overline{15},$$

$\varDelta^2$ ist als Mittelwert der auf S. 95 u. 96 in der Nachbarschaft stehenden zweiten Differenzen entnommen worden, deren Beträge zwischen —13 und —17 schwanken.

Für die quadratische Interpolation in bezug auf q ist hier die korrigierte erste Differenz

$$\overline{\varDelta} = -\overline{288} - \frac{0{,}245}{2} \cdot (-\overline{15}) = -\overline{288} + \overline{2} = -\overline{286}$$

und damit wird

$$f(q) = 0{,}97060 - 0{,}755 \cdot \overline{286} = 0{,}97060 - \overline{216} = 0{,}96844 = \overline{G}(q,-z).$$

Endlich folgt mit $\cos 40°10' = 0{,}76417$ für die gesuchte Thetafunktion das Ergebnis

$$\vartheta_2(40°10') = 2 \cdot \sqrt[4]{q}\,\cos x \cdot \overline{G}(q,-z) = 2 \cdot 0{,}68295 \cdot 0{,}76417 \cdot 0{,}96844$$
$$= 1{,}01084.$$

Aufgabe 4 (Everettsche Interpolation bei Tabelle I).

Es sollen die Werte der Jacobischen elliptischen Funktionen sn u, cn u und dn u für $q = 0{,}43$ und $x = 10°$ angegeben werden. (Hierzu ist $\Theta = 89° \; 20{,}29'$ und, nach Seite 74, $K = 5{,}84732$.)

Im vorliegenden Fall ist nur Interpolation in z-Richtung erforderlich; jedoch ist mit dem Verfahren von Everett [Gl. (5)] zu rechnen. Es ist

$$z = \cos 20° = 0{,}93969, \quad z_0 = 0{,}9, \quad t = \frac{z - 0{,}9}{0{,}1} = 0{,}3969 \text{ und } s = 0{,}6031.$$

Für die Interpolation entnimmt man der Hilfstabelle Seite 113/114 die Koeffizienten

$$\binom{t + 1}{3} = -0{,}0557 \quad \text{und} \quad \binom{s + 1}{3} = -0{,}0639.$$

Nun ist nach Seite 35, Seite 43 und Seite 51 (Tabelle I) und mittels Gl. (5)

	$\lg \dfrac{\text{sn } u}{\sin x}$	$\lg \dfrac{\text{cn } u}{\cos x}$	$\lg \text{dn } u$	Faktoren
$f(z_0)$	0,48655	—0,12671	—0,13782	1
Δf	8429	12671	13782	+0,3969
$\delta^2 f(z_0)$	1747	1836	1779	—0,0639
$\delta^2 f(z_1)$	2804	2908	2854	—0,0557
$f(z)$	0,51733	—0,07921	—0,08585	

Durch Delogarithmieren erhält man

$$\frac{\text{sn } u}{\sin x} = 3{,}2910, \quad \frac{\text{cn } u}{\cos x} = 0{,}83328, \quad \text{dn } u = 0{,}82064.$$

Es ist also im vorliegenden Fall sn u das 3,2910fache des Kreissinus und cn u das 0,83328fache des Kreiscosinus. Andererseits ist lg sin $10° = 0{,}23967 - 1$ und daher lg sn $u = 0{,}75700 - 1$ und lg cos $10° = 0{,}99335 - 1$,, ,, lg cn $u = 0{,}91414 - 1$. Daraus ergeben sich die Werte

sn $u = 0{,}57148$ gegenüber sin $10° = 0{,}17365$ und
cn $u = 0{,}82062$,, cos $10° = 0{,}98481$, während
dn $u = 0{,}82064$ der Zahl Eins gegenübersteht.

Anmerkung: Muß nach z und q interpoliert werden, so ist in den Fällen, bei denen in Tabelle I Everettsche Interpolation erforderlich ist, diese stets zuerst vorzunehmen.

Aufgabe 5 (Differentiation aus Tabelle I).

Die aus der Theorie der Jacobischen elliptischen Funktionen bekannte Beziehung

$$\frac{d}{du} \text{ sn } u = \text{dn } u \cdot \text{cn } u$$

soll für den Fall $q = 0{,}43$ an der Stelle $x = 10°$ numerisch bestätigt werden.

Für die Gewinnung der Ableitung $\dfrac{d}{du}$ sn u steht in Tabelle I die Funktion $\lg \dfrac{\operatorname{sn} u}{\sin x} = f(z)$ laufend nach z zur Verfügung, wobei zwischen z, x und u die Beziehungen

$$z = \cos 2x = \cos \frac{\pi}{K} u$$

bestehen. Daher ist

$$\frac{dz}{du} = -\frac{\pi}{K} \sin \frac{\pi}{K} u = -\frac{\pi}{K} \sin 2x \quad \text{und} \quad \frac{dz}{dx} = -2 \sin 2x.$$

Nun ist

$$\frac{df}{dz} = \frac{d}{dz} \lg \frac{\operatorname{sn} u}{\sin x} = \frac{d}{dz}(\lg \operatorname{sn} u - \lg \sin x) = M \frac{d}{dz}(\ln \operatorname{sn} u - \ln \sin x)$$

$$= \frac{M}{\operatorname{sn} u} \cdot \frac{d(\operatorname{sn} u)}{du} \cdot \frac{du}{dz} - \frac{M}{\sin x} \cdot \frac{d(\sin x)}{dx} \cdot \frac{dx}{dz} =$$

$$= -\frac{M}{\operatorname{sn} u} \cdot \frac{K}{\pi} \cdot \frac{1}{\sin 2x} \cdot \frac{d(\operatorname{sn} u)}{du} + \frac{M}{\sin x} \cdot \frac{\cos x}{2 \sin 2x}.$$

Dabei bedeutet $M = \lg e = 0{,}43429$. Aufgelöst nach $\dfrac{d(\operatorname{sn} u)}{du}$ liefert obige Gleichung

$$\frac{d(\operatorname{sn} u)}{du} = \frac{\pi}{K} \sin 2x \cdot \left(\frac{1}{4 \sin^2 x} - \frac{1}{M} \frac{df}{dz} \right) \cdot \operatorname{sn} u.$$

Für die Auswertung von $\dfrac{d(\operatorname{sn} u)}{du}$ mit den angegebenen Werten von q und x steht von *Aufgabe 4* alles bereit bis auf $\dfrac{df}{dz}$. Diese Ableitung ist der Tabelle I, Seite 35, zu entnehmen. Hierzu ist Formel (6) für die Ableitung des Everettschen Interpolationspolynoms zu verwenden. Zunächst ist wie bei *Aufgabe 4*

$$t = 0{,}3969 \quad \text{und} \quad s = 0{,}6031.$$

Der Hilfstabelle Seite 113/114 entnimmt man die Koeffizienten für (6):

$$\frac{3t^2 - 1}{6} = -0{,}0879 \quad \text{und} \quad \frac{3s^2 - 1}{6} = +0{,}0152.$$

Mit $h = 0{,}1$ und mit den Differenzen aus der Tabelle zu *Aufgabe 4* wird nach (6)

$$0{,}1 \cdot \frac{df}{dz} = \overline{8429} - 0{,}0152 \cdot \overline{1747} - 0{,}0879 \cdot \overline{2804} = \overline{8156} = 0{,}08156,$$

also

$$\frac{df}{dz} = 0{,}8156.$$

Hiermit und mit den obigen Ergebnissen wird

$$\frac{d(\operatorname{sn} u)}{du} = \frac{\pi}{5{,}84732} \sin 20° \cdot \left(\frac{1}{4 \sin^2 20°} - \frac{0{,}8156}{0{,}43429} \right) \cdot 0{,}57148 = 0{,}67342.$$

Zum Vergleich ist nach *Aufgabe 4* dn $u \cdot$ cn $u = 0,82064 \cdot 0,82062$ $= 0,67343$. Die Übereinstimmung bis auf eine Einheit der letzten Stelle ist voll befriedigend.

Aufgabe 6 (zu den Tabellen II und IV).

Gesucht sind die unvollständigen elliptischen Integrale

$$F(\Phi, \Theta) = \int_0^{\Phi} \frac{d\Phi}{\sqrt{1 - \sin^2\Theta \sin^2\Phi}} \quad \text{und} \quad E(\Phi, \Theta) = \int_0^{\Phi} \sqrt{1 - \sin^2\Theta \sin^2\Phi}\, d\Phi$$

für $\Theta = 50° 42'$ und $\Phi = 32° 40'$.

Für diese Aufgabe werden die zum vorliegenden Legendreschen Modul in *Aufgabe 1* errechneten Werte

$$q = 0,056844, \quad K = 1,94831 \quad \text{und} \quad K/E = 1,49979$$

benötigt.

Zur Gewinnung des unvollständigen elliptischen Integrals *erster Gattung* berechnet man nun zunächst

dn $u = \sqrt{1 - \sin^2\Theta \sin^2\Phi} = \sqrt{1 - 0,77384^2 \cdot 0,53975^2} = 0,90859$.

Da für die Variable z, nach welcher in den Tabellen I und II die Jacobischen Funktionen geordnet sind, die Beziehung $z = \cos\frac{\pi}{K} u$ gilt, wobei $u = F(\Phi, \Theta)$ ist, hat man nur noch jenen Wert u zu ermitteln, welcher bei dem vorliegenden q zu dn $u = 0,90859$ gehört. Es ist lg dn $u = -0,04163$. Nach Tabelle II, Seite 73, ist z zwischen 0,5 und 0,6 zu suchen. Da der Wert $q = 0,056844$ bereits feststeht, geschieht zuerst Interpolation nach q, ausgehend von $q_0 = 0,05$ mit $t_1 = 0,6844$. Für diese Rechnung ist nach Seite 73 für $f(q, z) =$ lg dn u

	z	0,5	0,6	0,7
für $q_0 = 0,05$	$f(q_0, z)$	$-0,04368$	$-0,03497$	$-0,02625$
	Δf	-887	-712	-535
	$\Delta^2 f$	-8	-6	-5
	$\overline{\Delta} f$	-886	-711	-534
	$t_1 \cdot \overline{\Delta} f$	-606	-487	-365
für das richtige q	$f(q, z)$	$-0,04974$	$-0,03984$	$-0,02990$

Auf Grund dieser kleinen Tabelle, deren letzte Zeile die Größe lg dn u für das richtige q angibt, ist nun noch jenes z festzustellen, zu welchem der obige Wert $-0,04163$ gehört. Es ist $f(z_0) = -0,04974$, $\Delta = \overline{990}$ und $\Delta^2 = \overline{4}$. Jedoch ersieht man aus Tabelle I, Seite 45, daß die zweiten Differenzen an der in Rede stehenden Stelle noch nicht berücksichtigt werden müssen; daß vielmehr lineare Interpolation ausreicht.

Man erhält

$$t_2 = \frac{f(z) - f(z_0)}{\Delta} = \frac{-0,04163 + 0,04974}{0,00990} = \frac{811}{990} = 0,8192$$

und damit

$$z = 0,5 + 0,1 \cdot 0,8192 = 0,58192 = \cos 2x.$$

Schließlich ist

$$F(\Phi, \Theta) = u = \frac{K}{\pi} \operatorname{arc\,cos} z = \frac{1,94831}{\pi} \operatorname{arc\,cos} 0,58192$$

$$= \frac{1,94831}{180°} \, 54,414° = 0,58897.$$

Zur Gewinnung des unvollständigen elliptischen Integrals *zweiter Gattung* kann man von der Gleichung

$$E(\Phi, \Theta) = \frac{E}{K} u + \frac{\pi}{K} \sin\left(\frac{\pi}{K} u\right) \cdot \frac{\bar{H}'(-z)}{\bar{H}(-z)} \text{ *}$$

Gebrauch machen. Die Größen auf der rechten Seite sind alle bekannt bis auf $\dfrac{\bar{H}'(-z)}{\bar{H}(-z)}$. Für die numerische Bestimmung dieses Faktors ist von Tabelle IV Gebrauch zu machen. Für die Umgebung der in Rede stehenden Stelle

$$\bar{z} = -z = -0,58192, \quad q = 0,056844$$

ist für die Funktion $\bar{H}$ sowohl in z-Richtung (nach Tabelle III, Seite 84) als auch in q-Richtung (nach Tabelle IV, Seite 101) lineare Interpolation voll ausreichend. Es ist zweckmäßig, zuerst die Interpolation in der q-Richtung auszuführen und daraufhin die Interpolation in der z-Richtung, weil außer $\bar{H}$ auch die Ableitung dieser Funktion nach z gebraucht wird. Wir beginnen also mit Tabelle IV und gehen wie oben von dem Werte $q_0 = 0,05$ aus mit $t_1 = 0,6844$. Nach Seite 101 ist

	$\bar{z}$	$-0,6$	$-0,5$
für $q_0 = 0,05$	$\bar{H}(q_0, \bar{z})$	0,94000	0,94999
	Δ	-1201	-1000
	$t_1 \cdot \Delta$	-822	-684
für das richtige q	$\bar{H}(q, \bar{z})$	0,93178	0,94315

Für die Funktion $\bar{H}(q, \bar{z})$ in der letzten Zeile ist $\Delta = \overline{1137}$. Für $\bar{z} = -0,58192$ wird, mit $\bar{z}_0 = -0,6$ und $t_2 = 0,1809$ gerechnet,

$$\bar{H}(q, \bar{z}) = 0,93178 + 0,1809 \cdot \overline{1137} = 0,93178 + \overline{206} = 0,93384 = \bar{H}(q, -z)$$

und wegen $h = 0,1$

$$\bar{H}'(q, \bar{z}) = 0,1 \cdot \overline{1137} = 0,1137 = \bar{H}'(q, -z).$$

---

*) Dabei bedeutet $\bar{H}'(-z)$ die Ableitung von $\bar{H}(-z)$ nach $-z$.

Damit ist alles bereitgestellt, um $E(\Phi, \Theta)$ nach obiger Formel auszurechnen. Das Ergebnis für das Integral zweiter Gattung lautet mit $\sin 54{,}414° = 0{,}81324$

$$
\begin{aligned}
E(\Phi, \Theta) &= \frac{u}{K/E} + \frac{\pi}{K} \sin\left(\frac{\pi}{K} u\right) \cdot \frac{\bar{H}'(-z)}{\bar{H}(-z)} \\
&= \frac{0{,}58897}{1{,}49979} + \frac{\pi}{1{,}94831} \sin 54{,}414° \cdot \frac{0{,}1137}{0{,}93384} \\
&= 0{,}39270 + 0{,}15966 = 0{,}55236.
\end{aligned}
$$

Obwohl die vorliegenden Funktionentafeln nicht auf die unvollständigen elliptischen Integrale abzielen, so zeigt doch dieses Beispiel, daß diese Größen ebenfalls für beliebige Φ und Θ den Tabellen entnommen werden können.

Introduction

These tables, which are based on Jacobi's parameter q, are intended for numerical calculations with elliptic functions. Previous tables have used Legendre's modulus Θ. The tables I and II contain functions which are connected with the Jacobian elliptic functions sn u, cn u and dn u; they are especially important in practical work. In tables III and IV there are introduced two new auxiliary functions $\overline{G}$ and $\overline{H}$, from which the four theta functions can be obtained by simple calculations. Table V affords conversion between Legendre's modulus Θ and Jacobi's parameter q. All these functions are presented to the 5th decimal place. Finally, in table VI an auxiliary table is given which makes it easy to apply Everett's interpolation method.

Explanations to tables I and II.

The functions in this part of the work are

$$\lg \frac{\mathrm{sn}\, u}{\sin x}\; ;\quad \lg \frac{\mathrm{cn}\, u}{\cos x}\quad\text{and}\quad \lg \mathrm{dn}\, u.$$

They are dependent on q and $z = \cos 2x = \cos \frac{\pi}{K} u$, where K is the complete elliptic integral of the first kind with $q = q\,(\Theta)$. With regard to these functions, it is noteworthy that here the Jacobian sn u is compared with the circular function sin x, and the Jacobian cn u with the circular function cos x. By doing so the deviation of the elliptic functions from the corresponding circular functions is pointed out. It is very practical that the logarithms are used, since in this way the logarithms of these elliptic functions are immediately available from the logarithmic tables of the circular functions. Besides, these tables are particularly convenient for evaluation of intermediate values through interpolation.

In these tables logarithms to the base 10 are denoted by ,,lg''.

Direction for interpolation.

Good interpolation with these tables is a consequence of the fact that the presented functions are almost bilinear or biquadratic with respect to both variables z and q. If one tries to interpolate at once with both variables, using a formula of interpolation for two variables, then this decisive advantage would be lost. Therefore, interpolation must first be done with respect to the one variable and then with respect to the other. Here it depends upon the particular case which variable must be taken first. For this reason all the functions are tabulated twice, first for variable z and constant q, and then for variable q and constant z.

The special purpose of this 5-place edition was to arrange the material in such a manner as to give maximum advantage to the user. Therefore, complete interpolation aids for every case were furnished. When linear interpolation is sufficient or when the second differences can be calculated mentally, then only the first differences are presented in these tables. The second differences are included when quadratic (or cubic) interpolation is necessary. If cubic interpolation is insufficient to insure that the results have the accuracy of the table values, the so-called modified second differences for interpolation by Everett's method are presented in the Δ^2 columns[1]. This occurs only in table I when $q > 0{,}21$. These modified second differences are printed in italics; they differ a little from the ordinary second differences. The user may be governed by the following rules when interpolating:

a) Whenever the condition $|\Delta^2| < 4$ is fulfilled by the units of the fifth decimal place, *linear interpolation* is sufficient.

b) When $|\Delta^2| > 4$, but $|\Delta^3| < 8$, *quadratic interpolation* is necessary and sufficient. It is then recommended to operate with Newton's usual interpolation formula, the terms of which for quadratic interpolation and for interval 1 are as follows:

$$f(y) = f(y_0 + t) = f(y_0) + \; \cdot \Delta f + \frac{t(t-1)}{2} \Delta^2 f \qquad (1)$$

where $\Delta f = f(y_0 + 1) - f(y_0)$ and $\Delta^2 f = f(y_0 + 2) - 2f(y_0 + 1) + f(y_0)$. The first differences are presented in the function tables half a line below the function values, and the second differences again half a line lower. For application of formula (1), it is practical to separate the factor t, and to use corrected first differences as follows:

$$\overline{\Delta} f = \Delta f - \frac{1-t}{2} \Delta^2 f. \qquad (2)$$

Then, with the linear interpolation formula one gets

$$f(y) = f(y_0 + t) = f(y_0) + t \cdot \overline{\Delta} f. \qquad (3)$$

In addition, the rule for calculating the first derivative in case of quadratic interpolation is the following:

$$h \cdot f'(y) = h \cdot f'(y_0 + t) = \Delta f + \left(t - \frac{1}{2}\right) \Delta^2 f, \qquad (4)$$

where h is the length of the interpolation interval. In these tables h is always either 0,1 or 0,01, which is convenient in use.

In these and the following interpolation formula the definitions are:

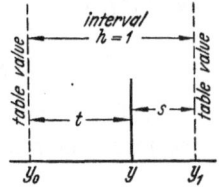

Definition of the
quantities
of interpolation

---

[1] See ZURMUEHL: „Praktische Mathematik" Springer-Verlag 1953 page 187.

$y =$ the argument in question,

$y_0 =$ the next lower argument in the table,

$f(y_0) =$ the tabular value belonging to y_0,

$t = \dfrac{y - y_0}{h} =$ fraction of the interval to the left of y,

$s = 1 - t =$ fraction of the interval to the right of y, and

$f(y) =$ the desired function value.

c) When $|\varDelta^3| > 8$, even quadratic interpolation is no longer sufficient. Then Everett's interpolation formula must be applied:

$$f(y) = f(y_0 + t) = f(y_0) + t \cdot \varDelta f + \binom{s + 1}{3} \delta^2 f(y_0) + \binom{t + 1}{3} \delta^2 f(y_1). \quad (5)$$

Here $s = 1 - t$, and the quantities $\delta^2 f(y_0)$ and $\delta^2 f(y_1)$ are the values in table I presented in the $\varDelta^2$ column on the same line as y_0 and y_1. As long as $|\varDelta^4| < 3$, the quantities $\delta^2 f$ are still identical with the ordinary second differences $\varDelta^2 f$, and the interpolation with formula (5) is one of the *third* degree.

d) For those ranges where $|\varDelta^4| > 3$, one finds the modified second differences printed in italics in the $\varDelta^2$ column. Computation by means of formula (5) is then unchanged, but better results are obtained than those obtained from the ordinary second differences. The procedure is then equal to an interpolation of the *fifth* degree. The uncertainties remain below half a unit of the last decimal place, as long as $|\varDelta^4| < 1000$. This critical case is reached only in the bottom lines of table I, and there only for the greatest values of q. The maximum deviation can there go up to two units of the last decimal place.

Finally, the formula for the first derivative of Everett's interpolation polynomial is as follows:

$$h \cdot f'(y) = h \cdot f'(y_0 + t) = \varDelta f - \frac{3 s^2 - 1}{6} \delta^2 f(y_0) + \frac{3 t^2 - 1}{6} \delta^2 f(y_1). \quad (6)$$

The coefficients $\binom{t + 1}{3}$ in equation (5) and $\dfrac{3 t^2 - 1}{6}$ in equation (6), as dependent on t and $s = 1 - t$, are given in the auxiliary table on page 113/114.

Explanations to tables III and IV.

The functions $\bar{G}$ and $\bar{H}$ in these tables are offsprings of Jacobi's theta functions. The relationship may be seen from

$$\bar{G} = \frac{\vartheta_1(x)}{2 \sqrt{q} \sin x} \quad \text{and} \quad \bar{H} = \vartheta_3(x). \quad (7)$$

Good interpolation depends on choosing functions which are almost linear with respect to the two variables within the range of interest. In order to achieve this, $z = \cos 2x$ is introduced as a new variable. If the well-known Fourier series for the theta functions are transformed by the substitution $z = \cos 2x$, one obtains for $\bar{G}$ and $\bar{H}$ power series in z and q that begin as follows:

$$\left.\begin{aligned}\bar{G}(q,z)&=1-q^2(1+2z)-q^6(1-2z+4z^2)+q^{12}(1+4z-4z^2-8z^3)+\ldots\\\bar{H}(q,z)&=1+2qz-q^4(2-4z)-q^9(6z-8z^3)+q^{16}(2-16z^2+16z^4)+\ldots\end{aligned}\right\}(8)$$

In these series, the powers of the successive q-terms increase rapidly. The extraordinarily good quality of convergence of the theta series is also fulfilled in the series (8) for $\bar{G}$ and $\bar{H}$.

According to (7), the four theta functions and the zero thetas can be calculated by means of $\bar{G}$ and $\bar{H}$ as follows:

$$\left.\begin{aligned}\vartheta_1(x) &= 2\sqrt[4]{q}\sin x\,\bar{G}(+z); & \vartheta_1'(0) &= 2\sqrt[4]{q}\,\bar{G}(+1);\\\vartheta_2(x) &= 2\sqrt[4]{q}\cos x\,\bar{G}(-z); & \vartheta_2(0) &= 2\sqrt[4]{q}\,\bar{G}(-1);\\\vartheta_3(x) &= \bar{H}(+z); & \vartheta_3(0) &= \bar{H}(+1);\\\vartheta_4(x) &= \bar{H}(-z); & \vartheta_4(0) &= \bar{H}(-1).\end{aligned}\right\}(9)$$

Almost everything needed for ordinary problems involving elliptic and related functions can be aquired in an elementary way by means of the four theta functions. The same is true of the functions $\bar{G}$ and $\bar{H}$, as can be seen from relations (9). Also, the derivatives of arbitrary elliptic and related functions, whose construction is known from the theta functions or from $\bar{G}$ and $\bar{H}$, can be obtained from these tables with great accuracy. This is because of the fact that, due to the almost constant first or second differences of the functions $\bar{G}$ and $\bar{H}$, the derivatives of $\bar{G}$ and $\bar{H}$ can readily be taken from the tables.

As an example for computing elliptic functions from $\bar{G}$ and $\bar{H}$, we give here the formulas for the functions of tables I and II:

$$\left.\begin{aligned}\frac{\operatorname{sn} u}{\sin x} &= \frac{\bar{H}(+1)\,\bar{G}(+z)}{\bar{G}(-1)\,\bar{H}(-z)}; & \frac{\operatorname{cn} u}{\cos x} &= \frac{\bar{H}(-1)\,\bar{G}(-z)}{\bar{G}(-1)\,\bar{H}(-z)};\\[2mm]\operatorname{dn} u &= \frac{\bar{H}(-1)\,\bar{H}(+z)}{\bar{H}(+1)\,\bar{H}(-z)}.\end{aligned}\right\}(10)$$

Explanation to table V.

In working with these function tables, it is absolutely necessary to master numerically the relationship between Jacobi's paramter q and Legendre's modulus Θ. For this reason in table V we have used an almost linear relation between q and Θ by tabulating $\dfrac{1}{1-q}$ as a function of $-\lg\cos\Theta = -\lg k'$. This variable is also suitable for better presentation of the complete elliptic integrals of the first and second kinds (K and E), than is possible by means of Θ. Thus table V also contains the quantities K and K/E as functions of $-\lg k'$.

Examples.

Some methods of application using these tables are now shown in connection with a number of typical problems.

Problem 1 (Ref. table V).

Evaluate q, K and E when Legendre's moduls $\Theta = 50° 42'$.

Table V, in which $\frac{1}{1-q}$, K and K/E are presented as functions of $y = -\lg \cos \Theta$, serves for this purpose. This is a problem of interpolation with a single variable. In this case the argument value is $y = -\lg \cos 50° 42' = 0,19834$. The interval in table V is 0,01. Thus, starting from the next lower argument value $y_0 = 0,19$, the fraction of the interval used in interpolation is $t = \frac{y - 0,19}{0,01} = 0,834$. From table V, page 108, for computation of $\frac{1}{1-q}$, the first difference $\Delta = \overline{319}$, the second difference $\Delta^2 = \overline{1}$. (The overlined figures are the values of the differences in units of the 5th decimal place; for further computation they must be multiplied by 10^{-5}). To obtain $\frac{1}{1-q}$ for the desired value of y, linear interpolation is sufficient, and one has

$$\frac{1}{1-q} = 1,05761 + 0,834 \cdot \overline{319} = 1,05761 + \overline{266} = 1,06027,$$

which gives $q = \frac{0,06027}{1,06027} = 0,056844$.

For the computation of K, there is $f(y_0) = 1,93175$, $\Delta = \overline{1987}$ and $\Delta^2 = \overline{8}$. Thus quadratic interpolation is indicated. The corrected difference according to (2) is

$$\bar{\Delta} = \overline{1987} - \frac{0,166}{2} \cdot \overline{8} = \overline{1986},$$

from which one gets

$$K(q) = 1,93175 + 0,834 \cdot \overline{1986} = 1,93175 + \overline{1656} = 1,94831.$$

The value of K/E is computed in the same way. Here $f(y_0) = 1,47741$, $\Delta = \overline{2684}$ and $\Delta^2 = \overline{13}$. Since $\bar{\Delta} = \overline{2683}$, it follows that

$$K/E = 1,47741 + 0,834 \cdot \overline{2683} = 1,47741 + \overline{2238} = 1,49979,$$

which gives $E = \frac{1,94831}{1,49979} = 1,29906$.

Problem 2 (Ref. tables I and II).

Compute sn u for $\Theta = 50° 42'$ and $x = 35° 30'$.

This problem can be solved either by means of table I and table II. Since in this case $z = \cos 2x = \cos 71° = 0,32557$ and, according to *problem 1*, $q = 0,056844$, interpolation with respect to both variables is necessary. When looking at the corresponding places in the tables, one sees from table I, page 29, that in the z-direction linear interpolation is sufficient, while, according to table II, page 58, in the q-direction quadratic interpolation is necessary. Therefore it is more convenient to begin with interpolation in the z-direction. Here $z_0 = 0{,}3$ and $t_1 = \dfrac{z - 0{,}3}{0{,}1} = 0{,}2557$. From table I, page 29, a short extract is taken in order to obtain by interpolation with respect to z some consecutive values of $\lg \dfrac{\mathrm{sn}\, u}{\sin x}$ as a function of q for the desired z.

	q	0,05	0,06	0,07
(For $z_0 = 0{,}3$)	$\lg \dfrac{\mathrm{sn}\, u}{\sin x}$	0,05180	0,06109	0,07003
	$\varDelta$	429	513	597
	$t_1 \cdot \varDelta$	110	131	153
(For the desired z)	$\lg \dfrac{\mathrm{sn}\, u}{\sin x}$	0,05290	0,06240	0,07156

Now the second interpolation takes place with respect to q, beginning with $q_0 = 0{,}05$ up to the desired q, using $t_2 = \dfrac{q - 0{,}05}{0{,}01} = 0{,}6844$. Here, with the values of the bottom line: $f(q_0) = 0{,}05290$, $\varDelta = \overline{950}$ and $\varDelta^2 = -\overline{34}$. With respect to this second difference the following is noteworthy: Since on the corresponding place of table II, page 58, the values $\varDelta^2$ are almost constant, a sufficiently accurate $\varDelta^2$ could have been obtained from there directly. Then one could have avoided the computation of the third column of above table. In regard to q, quadratic interpolation is necessary. Here one has the corrected first difference

$$\bar{\varDelta} = \overline{950} - \frac{0{,}3156}{2} \cdot (-\overline{34}) = \overline{950} + \overline{5} = \overline{955},$$

from which one gets the final result

$$\lg \frac{\mathrm{sn}\, u}{\sin x} = 0{,}05290 + 0{,}6844 \cdot \overline{955} = 0{,}05290 + \overline{654} = 0{,}05944.$$

Therefore, in this example, $\dfrac{\mathrm{sn}\, u}{\sin x} = 1{,}1467$, i. e. the elliptic sine equals $1{,}1467$ times the circular sine. On the other hand, from $\lg \sin x = \lg \sin 35° 30' = 0{,}76395 - 1$, one gets immediately that $\lg \mathrm{sn}\, u = 0{,}82339 - 1$ and therefore $\mathrm{sn}\, u = 0{,}66587$, while $\sin x = 0{,}58070$.

Problem 3 (Ref. tables III and IV).

Evaluate the theta function $\vartheta_2(x)$ for $x = 40° 10'$ when Legendre's modulus $\Theta = 81°$.

2*

When $\Theta = 81°$, one obtains after the method of *problem 1* Jacobi's parameter $q = 0,21755$ and $\sqrt[4]{q} = 0,68295$. From the explicit formula (9) for the function in question

$$\vartheta_2(x) = 2 \sqrt[4]{q} \cos x \cdot \bar{G}(-z)$$

one sees, that the main task consists of calculating the value $\bar{G}(-z)$ for the given q, and for $z = \cos 2x = \cos 80° 20' = 0,16792$. This requires interpolation with respect to both variables, which can be performed in principle either with table III or with table IV. Now, according to the corresponding places in these tables, the differences for the function $\bar{G}$ are such, that for interpolation with respect to z, linear computation is sufficient (table III, page 79), while for the q-direction quadratic interpolation is necessary (table IV, page 95). Therefore, one first interpolates in the z-direction, calculating with $\bar{z} = -z = -0,16792$. In order to attain this one starts interpolating from $\bar{z}_0 = -0,2$, using $t_1 = \frac{\bar{z} + 0,2}{0,1} = 0,3208$. By means of a short extract from table III, page 79, one has

		q	0,21	0,22
(For $\bar{z}_0 = -0,2$)	$\bar{G}(q, -0,2)$		0,97343	0,97082
	$\varDelta$		—881	—967
	$t_1 \cdot \varDelta$		—283	—310
(For the desired $\bar{z} = -z$)	$\bar{G}(q, z)$		0,97060	0,96772

Now the second interpolation follows in direction of q, starting from $q_0 = 0,21$ up to the desired q, calculating with the fraction $t_2 = 0,775$. We get $f(q_0) = 0,97060$, $\varDelta = -\overline{288}$ and $\varDelta^2 = -\overline{15}$. This second difference is obtained directly from pages 95 and 96 as the average value of the neighboring quantities $\varDelta^2$ which deviate between —13 and —17. The corrected first difference for this quadratic interpolation is

$$\bar{\varDelta} = -\overline{288} - \frac{0,245}{2} \cdot (-\overline{15}) = -\overline{288} + \bar{2} = -\overline{286},$$

and one gets

$$f(q) = 0,97060 - 0,755 \cdot \overline{286} = 0,97060 - \overline{216} = 0,96844 = \bar{G}(q, -z).$$

Finally, with $\cos 40° 10' = 0,76417$, one gets the result

$$\vartheta_2(40° 10') = 2 \sqrt[4]{q} \cos x \cdot \bar{G}(q, -z)$$
$$= 2 \cdot 0,68295 \cdot 0,76417 \cdot 0,96844 = 1,01084.$$

Problem 4 (Ref. Everett's interpolation with table I).

Evaluate the Jacobian elliptic functions sn u, cn u and dn u for $q = 0,43$ and $x = 10°$. (Here $\Theta = 89° 20,29'$ and, according to page 74, $K = 5,84732$).

In this case only interpolation in the z-direction is necessary; however, one must use Everett's interpolation method (5). One has

$$z = \cos 20° = 0{,}93969; \quad z_0 = 0{,}9; \quad t = \frac{z - 0{,}9}{0{,}1} = 0{,}3969 \text{ and } s = 0{,}6031.$$

The coefficients for interpolation with formula (5) are taken from the auxiliary table on page 113/114 as follows:

$$\binom{t+1}{3} = -0{,}0557 \quad \text{and} \quad \binom{s+1}{3} = -0{,}0639.$$

With the values from table I (pages 35, 43 and 51) one gets

	$\lg \dfrac{\text{sn } u}{\sin x}$	$\lg \dfrac{\text{cn } u}{\cos x}$	$\lg \text{dn } u$	factor
$f(z_0)$	0,48655	−0,12671	−0,13782	1
Δf	8429	12671	13782	+0,3969
$\delta^2 f(z_0)$	1747	1836	1779	−0,0639
$\delta^2 f(z_1)$	2804	2908	2854	−0,0557
$f(z)$	0,51733	−0,07921	−0,08585	

By means of the tables of logarithms one now obtains

$$\frac{\text{sn } u}{\sin x} = 3{,}2910; \quad \frac{\text{cn } u}{\cos x} = 0{,}83328; \quad \text{dn } u = 0{,}82064.$$

In this case sn u is 3,2910 times the circular sine, and cn u is 0,83328 times the circular cosine. On the other hand

$$\lg \sin 10° = 0{,}23967\text{—}1, \quad \text{and} \quad \lg \text{sn } u = 0{,}75700\text{—}1$$
$$\lg \cos 10° = 0{,}99335\text{—}1, \quad \text{and} \quad \lg \text{cn } u = 0{,}91414\text{—}1.$$

From this the following values result:

sn $u = 0{,}57148$, to be compared with $\sin 10° = 0{,}17365$, and
cn $u = 0{,}82062$, to be compared with $\cos 10° = 0{,}98481$, while
dn $u = 0{,}82064$ corresponds to the number 1.

Note: If interpolation with respect to both variables is necessary, whenever in table I Everett's interpolation is required, this must be performed first.

Problem 5 (Ref. derivatives from table I).

The familiar relation in Jacobi's theory of elliptic functions

$$\frac{d}{du} \text{sn } u = \text{dn } u \cdot \text{cn } u$$

will be tested when $q = 0{,}43$ and $x = 10°$.

To obtain the derivative $\dfrac{d}{du}$ sn u, the function $\lg \dfrac{\text{sn } u}{\sin x} = f(z)$ is available in table I, where z, x and u are related as follows:

$$z = \cos 2x = \cos \frac{\pi}{K} u.$$

Thus one has

$$\frac{dz}{du} = -\frac{\pi}{K} \sin \frac{\pi}{K} u = -\frac{\pi}{K} \sin 2x \quad \text{and} \quad \frac{dz}{dx} = -2 \sin 2x.$$

Now follows that

$$\frac{df}{dz} = \frac{d}{dz} \lg \frac{\operatorname{sn} u}{\sin x} = \frac{d}{dz} (\lg \operatorname{sn} u - \lg \sin x) = M \frac{d}{dz} (\ln \operatorname{sn} u - \ln \sin x)$$

$$= \frac{M}{\operatorname{sn} u} \cdot \frac{d(\operatorname{sn} u)}{du} \cdot \frac{du}{dz} - \frac{M}{\sin x} \cdot \frac{d(\sin x)}{dx} \cdot \frac{dx}{dz}$$

$$= -\frac{M}{\operatorname{sn} u} \cdot \frac{K}{\pi} \cdot \frac{1}{\sin 2x} \cdot \frac{d(\operatorname{sn} u)}{du} + \frac{M}{\sin x} \cdot \frac{\cos x}{2 \sin 2x} ;$$

where $M = \lg e = 0{,}43429$. From this relation one finds the following explicit expression for $\dfrac{d(\operatorname{sn} u)}{du}$

$$\frac{d(\operatorname{sn} u)}{du} = \frac{\pi}{K} \sin 2x \cdot \left(\frac{1}{4 \sin^2 x} - \frac{1}{M} \frac{df}{dz} \right) \cdot \operatorname{sn} u.$$

Everything for evaluating $\dfrac{d(\operatorname{sn} u)}{du}$ is known from *problem 4*, except

$\dfrac{df}{dz}$. This quantity must be taken from table I, page 35, and formula (6) for the derivative of Everett's interpolation polynomial must be used. As in *problem 4* one has

$$t = 0{,}3969 \quad \text{and} \quad s = 0{,}6031.$$

From the auxiliary table on page 113/114 the coefficients for (6) are the following:

$$\frac{3t^2 - 1}{6} = -0{,}0879 \quad \text{and} \quad \frac{3s^2 - 1}{6} = +0{,}0152.$$

With the differences used in *problem 4*, and with $h = 0{,}1$ one gets

$$0{,}1 \cdot \frac{df}{dz} = \overline{8429} - 0{,}0152 \cdot \overline{1747} - 0{,}0879 \cdot \overline{2804} = \overline{8156} = 0{,}08156 ;$$

and therefore $\dfrac{df}{dz} = 0{,}8156$. Now follows that

$$\frac{d(\operatorname{sn} u)}{du} = \frac{\pi}{5{,}84732} \sin 20° \cdot \left(\frac{1}{4 \sin^2 20°} - \frac{0{,}8156}{0{,}43429} \right) \cdot 0{,}57148 = 0{,}67342.$$

On the other hand, with the results of *problem 4* one gets

$$\operatorname{dn} u \cdot \operatorname{cn} u = 0{,}82064 \cdot 0{,}82062 = 0{,}67343.$$

The values agree up to one unit in the last decimal place.

Problem 6 (Ref. tables II and IV).

Evaluate the incomplete integrals of the first and second kind

$$F(\Phi, \Theta) = \int_0^\Phi \frac{d\Phi}{\sqrt{1 - \sin^2 \Theta \sin^2 \Phi}} \quad \text{and} \quad E(\Phi, \Theta) = \int_0^\Phi \sqrt{1 - \sin^2 \Theta \sin^2 \Phi} \, d\Phi$$

when $\Theta = 50° \, 42'$ and $\Phi = 32° \, 40'$.

Auxiliary values for this problem are $q = 0{,}056844$, and the corresponding complete elliptic integrals $K = 1{,}94831$ and $K/E = 1{,}49979$. These three quantities were computed in *problem 1*.

The values of Θ and Φ enable evaluation of $\mathrm{dn}\, u = \sqrt{1-\sin^2\Theta \sin^2\Phi}$
$= \sqrt{1 - 0{,}77384^2 \cdot 0{,}53975^2} = 0{,}90859$; hence $\lg \mathrm{dn}\, u = -0{,}04163$.
For the variable z, according to which the Jacobian functions in tables I and II are arranged, the relation $z = \cos\dfrac{\pi}{K}\, u$ holds, where $u = F(\Phi, \Theta)$. The value of z which belongs to the computed $\lg \mathrm{dn}\, u$ and to the q in question, must be calculated from table II. The first interpolation starts from $q_0 = 0{,}05$ and is performed with $t = 0{,}6844$. With an extract from page 73 one gets

	z	0,5	0,6	0,7
(For $q_0 = 0{,}05$)	$f(q_0, z)$	—0,04368	—0,03497	—0,02625
	Δf	—887	—712	—535
	$\Delta^2 f$	—8	—6	—5
	$\overline{\Delta} f$	—886	—711	—534
	$t_1 \cdot \overline{\Delta} f$	—606	—487	—365
(For the desired q)	$f(q, z)$	—0,04974	—0,03984	—0,02990

The values of the last line belong to the proper q. Here the respective z must be evaluated from the obtained function value $f = -0{,}04163$. For this inverse interpolation one has $f(q; 0{,}5) = -0{,}04974$; $\Delta = \overline{990}$ and $\Delta^2 = \overline{4}$. From table I, page 45, however, may be seen that linear interpolation is sufficient. One gets

$$t_2 = \frac{f(z) - f(z_0)}{\Delta} = \frac{-0{,}04163 + 0{,}04974}{0{,}00990} = \frac{811}{990} = 0{,}8192$$

and it follows that

$$z = 0{,}5 + 0{,}1 \cdot 0{,}8192 = 0{,}58192 = \cos 2x.$$

Now one obtains immediately the elliptic integral of the first kind

$$F(\Phi, \Theta) = u = \frac{K}{\pi}\, \mathrm{arc}\cos z = \frac{1{,}94831}{\pi}\, \mathrm{arc}\cos 0{,}58192$$

$$= \frac{1{,}94831}{180°}\, 54{,}414° = 0{,}58897.$$

The incomplete elliptic integral of the second kind can be computed by means of the following formula:

$$E(\Phi, \Theta) = \frac{E}{K}\, u + \frac{\pi}{K} \sin\left(\frac{\pi}{K}\, u\right) \cdot \frac{\overline{H}'(-z)}{\overline{H}(-z)}\, {}^* .$$

For evaluating this expression one has already

$$\frac{E}{K}\, u = 0{,}39270 \quad \text{and} \quad \frac{\pi}{K} \sin\left(\frac{\pi}{K}\, u\right) = \frac{\pi}{1{,}94831} \sin 54{,}414° = 1{,}3113.$$

---

* The factor $\overline{H}'(-z)$ denotes the derivative of $\overline{H}(-z)$ with respect to $-z$.

The factor $\dfrac{\bar{H}'(-z)}{\bar{H}(-z)}$ may be found by means of table IV (page 101). At the place in question ($\bar{z} = -z = -0{,}58192$; $q = 0{,}056844$), linear interpolation is sufficient for function $\bar{H}$ in the z-direction as well as in the q-direction. One begins interpolating in the q direction as above, starting from $q_0 = 0{,}05$ and calculating with $t_1 = 0{,}6844$. According to page 101, one gets

		$\bar{z}$	$-0{,}6$	$-0{,}5$
(For $q_0 = 0{,}05$)	$\bar{H}(q_0, \bar{z})$		0,94000	0,94999
	$\varDelta$		—1201	—1000
	$t_1 \cdot \varDelta$		—822	—684
(For the desired q)	$\bar{H}(q, \bar{z})$		0,93178	0,94315

For the second interpolation between the values of the bottom line one has $\bar{z}_0 = -0{,}6$ and $t_2 = 0{,}18c9$. With the difference $\varDelta = \overline{1137}$, and with the interval length $h = 0{,}1$, one gets

$$\bar{H}(q, \bar{z}) = 0{,}93178 + 0{,}1809 \cdot \overline{1137} = 0{,}93178 + \overline{206} = 0{,}93384 = \bar{H}(q, -z)$$

and $\bar{H}'(q, \bar{z}) = 0{,}1 \cdot \overline{1137} = 0{,}1137 = \bar{H}'(q, -z)$.

Finally, with $\dfrac{\bar{H}'(-z)}{\bar{H}(-z)} = 0{,}12176$ the elliptic integral of the second kind has the value

$$E(\varPhi, \varTheta) = 0{,}39270 + 1{,}3113 \cdot 0{,}12176 = 0{,}55236.$$

Although the computation of the incomplete elliptic integrals of the first and second kind is not the purpose of these tables, this example demonstrates that these values for arbitrary $\varPhi$ and $\varTheta$ can also be obtained by means of a short calculation.

Tabelle I
Jacobische elliptische Funktionen
laufend nach z

$$z = \cos 2x = \cos \frac{\pi}{K} u \text{ von } z = -1{,}0 \text{ bis } z = +1{,}0$$

in Schritten von 0,1 für die Parameterwerte $q = 0{,}01$ bis 0,50, in Schritten von 0,01 mit Angabe der zugehörigen Werte Θ.

K bedeutet das vollständige elliptische Integral erster Gattung zu dem betreffenden q bzw. Θ.

Die kursiv gedruckten 2. Differenzen sind „modifizierte" Differenzen für Everettsche Interpolation (siehe S. 3).

Table I
Jacobi's Elliptical Functions
as functions of z

$$z = \cos 2x = \cos \frac{\pi}{K} u$$

from $z = -1{,}0$ to $z = +1{,}0$, in steps of 0,1 and parameter values of q from $q = 0{,}01$ to $q = 0{,}50$, in steps of 0,01 with the corresponding values of Θ.

K is the complete elliptical integral of the first kind, corresponding to the q or Θ respectively.

In these tables logarithms to the base 10 are denoted by "lg".

Note: The second differences printed in italics are "modified" differences for Everett's Interpolation Formula. See page 16.

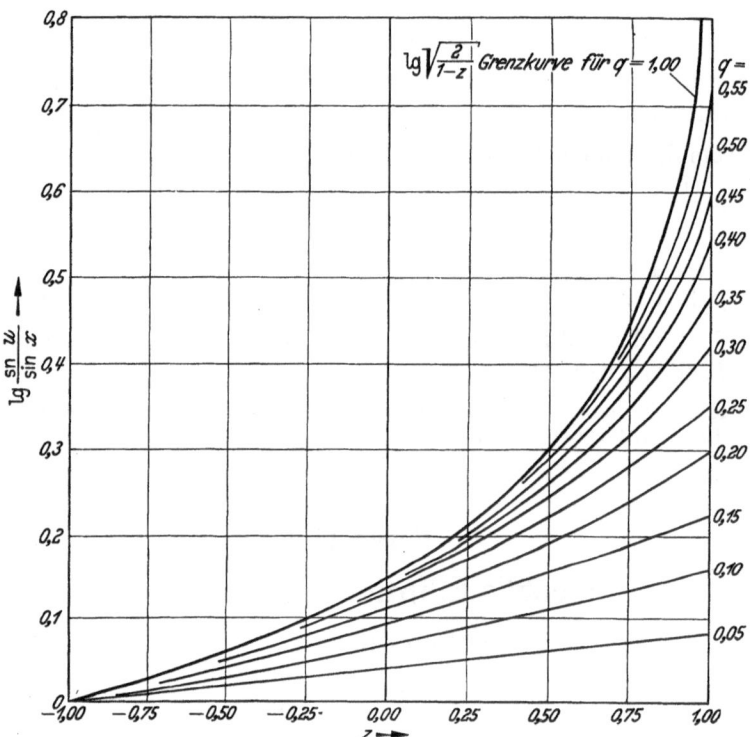

Abb. 1. lg $\frac{\mathrm{sn}\,u}{\sin x}$ laufend nach z, geordnet nach q.

Fig. 1. lg $\frac{\mathrm{sn}\,u}{\sin x}$ as a function of z.

Für $z = -1,0$ ist identisch lg $\frac{\mathrm{sn}\,u}{\sin x} = 0$.

For $z = -1,0$ is identical lg $\frac{\mathrm{sn}\,u}{\sin x} = 0$.

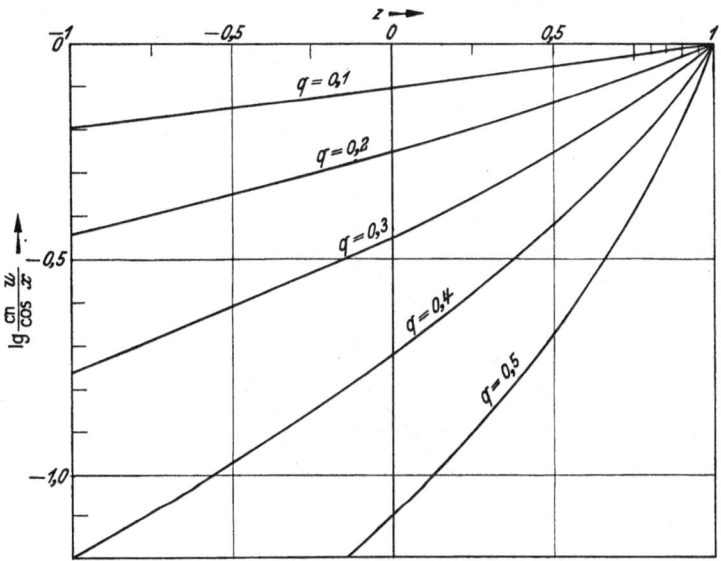

Abb. 2. $\lg \dfrac{\operatorname{cn} u}{\cos x}$ laufend nach z, geordnet nach q.

Fig. 2. $\lg \dfrac{\operatorname{cn} u}{\cos x}$ as a function of z.

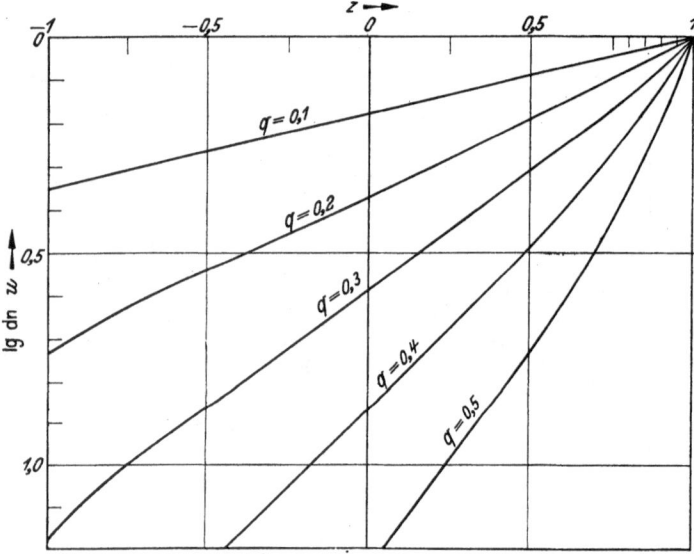

Abb. 3. lg dn *u* laufend nach *z*, geordnet nach *q*.

Fig. 3. lg dn *u* as a function of *z*.

$$\lg \frac{\operatorname{sn} u}{\sin x}$$

z	q = 0,01	Δ	q = 0,02	Δ	q = 0,03	Δ	q = 0,04	Δ	z
−1,0	0,00000		0,00000		0,00000		0,00000		−1,0
−0,9	0,00084	84	0,00164	164	0,00239	239	0,00309	309	−0,9
−0,8	0,00169	85	0,00328	164	0,00479	240	0,00621	312	−0,8
−0,7	0,00254	85	0,00494	166	0,00720	241	0,00935	314	−0,7
−0,6	0,00338	84	0,00659	165	0,00963	243	0,01251	316	−0,6
		86		167		245		319	
−0,5	0,00424	85	0,00826	167	0,01208	246	0,01570	321	−0,5
−0,4	0,00509	85	0,00993	168	0,01454	247	0,01891	325	−0,4
−0,3	0,00594	86	0,01161	169	0,01701	249	0,02216	326	−0,3
−0,2	0,00680	85	0,01330	169	0,01950	251	0,02542	330	−0,2
−0,1	0,00765	86	0,01499	170	0,02201	252	0,02872	332	−0,1
0,0	0,00851	86	0,01669	170	0,02453	253	0,03204	335	0,0
0,1	0,00937	87	0,01839	171	0,02706	255	0,03539	337	0,1
0,2	0,01024	86	0,02010	172	0,02961	257	0,03876	341	0,2
0,3	0,01110	87	0,02182	173	0,03218	258	0,04217	344	0,3
0,4	0,01197	86	0,02355	174	0,03476	260	0,04561	346	0,4
0,5	0,01283	87	0,02529	174	0,03736	262	0,04907	349	0,5
0,6	0,01370	88	0,02703	175	0,03998	263	0,05256	353	0,6
0,7	0,01458	87	0,02878	175	0,04261	265	0,05609	355	0,7
0,8	0,01545	87	0,03053	177	0,04526	267	0,05964	359	0,8
0,9	0,01632	88	0,03230	177	0,04793	268	0,06323	362	0,9
1,0	0,01720		0,03407		0,05061		0,06685		1,0

$\Theta = 22° 36,93'$ | $\Theta = 31° 33,74'$ | $\Theta = 38° 8,97'$ | $\Theta = 43° 28,61'$

z	q = 0,05	Δ	q = 0,06	Δ	q = 0,07	Δ	q = 0,08	Δ	z
−1,0	0,00000		0,00000		0,00000		0,00000		−1,0
−0,9	0,00375	375	0,00437	437	0,00495	495	0,00549	549	−0,9
−0,8	0,00754	379	0,00879	442	0,00997	502	0,01106	557	−0,8
−0,7	0,01136	382	0,01326	447	0,01505	508	0,01672	566	−0,7
−0,6	0,01523	387	0,01779	453	0,02020	515	0,02247	575	−0,6
		390		458		523		584	
−0,5	0,01913	394	0,02237	463	0,02543	529	0,02831	593	−0,5
−0,4	0,02307	398	0,02700	469	0,03072	538	0,03424	603	−0,4
−0,3	0,02705	402	0,03169	475	0,03610	545	0,04027	613	−0,3
−0,2	0,03107	406	0,03644	481	0,04155	553	0,04640	623	−0,2
−0,1	0,03513	410	0,04125	486	0,04708	561	0,05263	633	−0,1
0,0	0,03923	415	0,04611	493	0,05269	569	0,05896	645	0,0
0,1	0,04338	419	0,05104	499	0,05838	578	0,06541	656	0,1
0,2	0,04757	423	0,05603	506	0,06416	587	0,07197	667	0,2
0,3	0,05180	429	0,06109	513	0,07003	597	0,07864	680	0,3
0,4	0,05609	433	0,06622	519	0,07600	605	0,08544	691	0,4
0,5	0,06042	437	0,07141	526	0,08205	615	0,09235	705	0,5
0,6	0,06479	443	0,07667	533	0,08820	626	0,09940	718	0,6
0,7	0,06922	447	0,08200	541	0,09446	635	0,10658	732	0,7
0,8	0,07369	453	0,08741	548	0,10081	646	0,11390	747	0,8
0,9	0,07822	458	0,09289	557	0,10727	658	0,12137	761	0,9
1,0	0,08280		0,09846		0,11385		0,12898		1,0

$\Theta = 47° 58,64'$ | $\Theta = 51° 52,61'$ | $\Theta = 55° 18,69'$ | $\Theta = 58° 22,31'$

$$\lg \frac{\operatorname{sn} u}{\sin x}$$

z	q=0,09	Δ	Δ²	q=0,10	Δ	Δ²	q=0,11	Δ	Δ²	z
−1,0	0,00000	600	9	0,00000	646	12	0,00000	690	14	−1,0
−0,9	0,00600	609	9	0,00646	659	13	0,00690	704	14	−0,9
−0,8	0,01209	620	11	0,01305	671	12	0,01394	719	15	−0,8
−0,7	0,01829	631	11	0,01976	684	13	0,02113	734	15	−0,7
−0,6	0,02460	643	12	0,02660	698	14	0,02847	750	16	−0,6
−0,5	0,03103	653	10	0,03358	711	13	0,03597	767	17	−0,5
−0,4	0,03756	666	13	0,04069	726	15	0,04364	783	16	−0,4
−0,3	0,04422	678	12	0,04795	741	15	0,05147	802	19	−0,3
−0,2	0,05100	691	13	0,05536	757	16	0,05949	820	18	−0,2
−0,1	0,05791	704	13	0,06293	772	15	0,06769	839	19	−0,1
0,0	0,06495	718	14	0,07065	790	18	0,07608	860	21	0,0
0,1	0,07213	732	14	0,07855	807	17	0,08468	880	20	0,1
0,2	0,07945	747	15	0,08662	825	18	0,09348	903	23	0,2
0,3	0,08692	762	15	0,09487	845	20	0,10251	927	24	0,3
0,4	0,09454	778	16	0,10332	864	19	0,11178	950	23	0,4
0,5	0,10232	795	17	0,11196	886	22	0,12128	976	26	0,5
0,6	0,11027	812	17	0,12082	907	21	0,13104	1004	28	0,6
0,7	0,11839	830	18	0,12989	929	22	0,14108	1031	27	0,7
0,8	0,12669	849	19	0,13918	954	25	0,15139	1061	30	0,8
0,9	0,13518	868	19	0,14872	979	25	0,16200	1093	32	0,9
1,0	0,14386		20	0,15851		25	0,17293		35	1,0

| | Θ = 61° 7,29' | | | Θ = 63° 36,45' | | | Θ = 65° 51,96' | | | |

z	q=0,12	Δ	Δ²	q=0,13	Δ	Δ²	q=0,14	Δ	Δ²	z
−1,0	0,00000	731	15	0,00000	768	17	0,00000	803	20	−1,0
−0,9	0,00731	746	15	0,00768	786	18	0,00803	823	20	−0,9
−0,8	0,01477	764	18	0,01554	806	20	0,01626	844	21	−0,8
−0,7	0,02241	781	17	0,02360	825	19	0,02470	867	23	−0,7
−0,6	0,03022	800	19	0,03185	847	22	0,03337	891	24	−0,6
−0,5	0,03822	818	18	0,04032	868	21	0,04228	915	24	−0,5
−0,4	0,04640	839	21	0,04900	891	23	0,05143	941	26	−0,4
−0,3	0,05479	859	20	0,05791	915	24	0,06084	968	27	−0,3
−0,2	0,06338	882	23	0,06706	940	25	0,07052	998	30	−0,2
−0,1	0,07220	904	22	0,07646	967	27	0,08050	1027	29	−0,1
0,0	0,08124	928	24	0,08613	995	28	0,09077	1060	33	0,0
0,1	0,09052	953	25	0,09608	1024	29	0,10137	1094	34	0,1
0,2	0,10005	979	26	0,10632	1055	31	0,11231	1129	35	0,2
0,3	0,10984	1008	29	0,11687	1088	33	0,12360	1168	39	0,3
0,4	0,11992	1037	29	0,12775	1123	35	0,13528	1209	41	0,4
0,5	0,13029	1067	30	0,13898	1160	37	0,14737	1252	43	0,5
0,6	0,14096	1101	34	0,15058	1198	38	0,15989	1298	46	0,6
0,7	0,15197	1134	33	0,16256	1241	43	0,17287	1348	50	0,7
0,8	0,16331	1172	38	0,17497	1284	43	0,18635	1401	53	0,8
0,9	0,17503	1210	38	0,18781	1332	48	0,20036	1458	57	0,9
1,0	0,18713		39	0,20113		51	0,21494		61	1,0

| | Θ = 67° 55,54' | | | Θ = 69° 48,57' | | | Θ = 71° 32,19' | | | |

z	$q=0{,}15$	Δ	Δ^2	$q=0{,}16$	Δ	Δ^2	$q=0{,}17$	Δ	Δ^2	z
—1,0	0,00000	834	22	0,00000	864	24	0,00000	891	26	—1,0
—0,9	0,00834	858	24	0,00864	888	24	0,00891	917	26	—0,9
—0,8	0,01692	880	22	0,01752	915	27	0,01808	946	29	—0,8
—0,7	0,02572	906	26	0,02667	942	27	0,02754	976	30	—0,7
—0,6	0,03478	932	26	0,03609	971	29	0,03730	1008	32	—0,6
—0,5	0,04410	960	28	0,04580	1002	31	0,04738	1041	33	—0,5
—0,4	0,05370	989	29	0,05582	1034	32	0,05779	1077	36	—0,4
—0,3	0,06359	1019	30	0,06616	1068	34	0,06856	1115	38	—0,3
—0,2	0,07378	1052	33	0,07684	1105	37	0,07971	1155	40	—0,2
—0,1	0,08430	1086	34	0,08789	1143	38	0,09126	1198	43	—0,1
0,0	0,09516	1124	38	0,09932	1184	41	0,10324	1245	47	0,0
0,1	0,10640	1161	37	0,11116	1229	45	0,11569	1293	48	0,1
0,2	0,11801	1204	43	0,12345	1275	46	0,12862	1347	54	0,2
0,3	0,13005	1247	43	0,13620	1326	51	0,14209	1403	56	0,3
0,4	0,14252	1294	47	0,14946	1380	54	0,15612	1466	63	0,4
0,5	0,15546	1345	51	0,16326	1438	58	0,17078	1531	65	0,5
0,6	0,16891	1399	54	0,17764	1501	63	0,18609	1604	73	0,6
0,7	0,18290	1457	58	0,19265	1569	68	0,20213	1683	79	0,7
0,8	0,19747	1521	64	0,20834	1643	74	0,21896	1769	86	0,8
0,9	0,21268	1588	67	0,22477	1724	81	0,23665	1864	95	0,9
1,0	0,22856		72	0,24201		88	0,25529		104	1,0
	$\Theta = 73°\,7{,}35'$			$\Theta = 74°\,34{,}86'$			$\Theta = 75°\,55{,}42'$			

z	$q=0{,}18$	Δ	Δ^2	$q=0{,}19$	Δ	Δ^2	$q=0{,}20$	Δ	Δ^2	z
—1,0	0,00000	915	27	0,00000	938	29	0,00000	958	31	—1,0
—0,9	0,00915	944	29	0,00938	968	30	0,00958	991	33	—0,9
—0,8	0,01859	975	31	0,01906	1002	34	0,01949	1026	35	—0,8
—0,7	0,02834	1008	33	0,02908	1037	35	0,02975	1064	38	—0,7
—0,6	0,03842	1042	34	0,03945	1074	37	0,04039	1104	40	—0,6
—0,5	0,04884	1078	36	0,05019	1113	39	0,05143	1147	43	—0,5
—0,4	0,05962	1118	40	0,06132	1156	43	0,06290	1192	45	—0,4
—0,3	0,07080	1159	41	0,07288	1202	46	0,07482	1242	50	—0,3
—0,2	0,08239	1204	45	0,08490	1250	48	0,08724	1294	52	—0,2
—0,1	0,09443	1251	47	0,09740	1302	52	0,10018	1351	57	—0,1
0,0	0,10694	1302	51	0,11042	1359	57	0,11369	1413	62	0,0
0,1	0,11996	1358	56	0,12401	1419	60	0,12782	1480	67	0,1
0,2	0,13354	1416	58	0,13820	1485	66	0,14262	1553	73	0,2
0,3	0,14770	1481	65	0,15305	1557	72	0,15815	1632	79	0,3
0,4	0,16251	1550	69	0,16862	1635	78	0,17447	1719	87	0,4
0,5	0,17801	1626	76	0,18497	1720	85	0,19166	1814	95	0,5
0,6	0,19427	1708	82	0,20217	1814	94	0,20980	1921	107	0,6
0,7	0,21135	1799	91	0,22031	1917	103	0,22901	2037	116	0,7
0,8	0,22934	1899	100	0,23948	2032	115	0,24938	2170	133	0,8
0,9	0,24833	2009	110	0,25980	2160	128	0,27108	2316	146	0,9
1,0	0,26842		122	0,28140		142	0,29424		165	1,0
	$\Theta = 77°\,9{,}63'$			$\Theta = 78°\,18{,}02'$			$\Theta = 79°\,21{,}06'$			

$$\lg \frac{\operatorname{sn} u}{\sin x}$$

z	q=0,21	Δ	Δ²	q=0,22	Δ	Δ²	q=0,23	Δ	Δ²	z
−1,0	0,00000		33	0,00000		35	0,00000		36	−1,0
−0,9	0,00976	976	36	0,00993	993	37	0,01008	1008	39	−0,9
−0,8	0,01988	1012	37	0,02023	1030	40	0,02055	1047	42	−0,8
−0,7	0,03037	1049	40	0,03093	1070	42	0,03144	1089	44	−0,7
−0,6	0,04126	1089	43	0,04205	1112	46	0,04277	1133	49	−0,6
−0,5	0,05258	1132	45	0,05363	1158	48	0,05459	1182	51	−0,5
−0,4	0,06435	1177	50	0,06569	1206	53	0,06692	1233	56	−0,4
−0,3	0,07662	1227	52	0,07828	1259	56	0,07981	1289	61	−0,3
−0,2	0,08941	1279	58	0,09143	1315	62	0,09331	1350	65	−0,2
−0,1	0,10278	1337	62	0,10520	1377	67	0,10746	1415	72	−0,1
0,0	0,11677	1399	66	0,11964	1444	73	0,12233	1487	79	0,0
0,1	0,13142	1465	74	0,13481	1517	79	0,13799	1566	85	0,1
0,2	0,14681	1539	79	0,15077	1596	87	0,15450	1651	96	0,2
0,3	0,16299	1618	89	0,16760	1683	96	0,17197	1747	104	0,3
0,4	0,18006	1707	95	0,18539	1779	107	0,19048	1851	117	0,4
0,5	0,19808	1802	106	0,20425	1886	118	0,21016	1968	130	0,5
0,6	0,21718	1910	118	0,22429	2004	132	0,23115	2099	147	0,6
0,7	0,23746	2028	132	0,24566	2137	149	0,25362	2247	166	0,7
0,8	0,25906	2160	149	0,26851	2285	168	0,27775	2413	190	0,8
0,9	0,28216	2310	168	0,29306	2455	192	0,30379	2604	219	0,9
1,0	0,30695	2479	192	0,31955	2649	222	0,33203	2824	255	1,0
	$\Theta = 80° 19,17'$			$\Theta = 81° 12,72'$			$\Theta = 82° 2,05'$			

z	q=0,24	Δ	Δ²	q=0,25	Δ	Δ²	q=0,26	Δ	Δ²	z
−1,0	0,00000		38	0,00000		39	0,00000		41	−1,0
−0,9	0,01022	1022	40	0,01034	1034	42	0,01045	1045	43	−0,9
−0,8	0,02084	1062	44	0,02110	1076	46	0,02133	1088	48	−0,8
−0,7	0,03190	1106	47	0,03232	1122	49	0,03269	1136	52	−0,7
−0,6	0,04343	1153	51	0,04403	1171	53	0,04457	1188	54	−0,6
−0,5	0,05547	1204	54	0,05627	1224	57	0,05699	1242	61	−0,5
−0,4	0,06805	1258	59	0,06908	1281	63	0,07002	1303	66	−0,4
−0,3	0,08122	1317	65	0,08252	1344	68	0,08371	1369	71	−0,3
−0,2	0,09504	1382	70	0,09664	1412	74	0,09811	1440	79	−0,2
−0,1	0,10956	1452	76	0,11150	1486	83	0,11330	1519	87	−0,1
0,0	0,12484	1528	85	0,12719	1569	89	0,12936	1606	96	0,0
0,1	0,14097	1613	92	0,14377	1658	99	0,14638	1702	106	0,1
0,2	0,15802	1705	104	0,16134	1757	111	0,16446	1808	119	0,2
0,3	0,17611	1809	113	0,18002	1868	123	0,18372	1926	133	0,3
0,4	0,19533	1922	127	0,19994	1992	138	0,20433	2061	151	0,4
0,5	0,21583	2050	143	0,22125	2131	157	0,22644	2211	171	0,5
0,6	0,23777	2194	162	0,24414	2289	179	0,25027	2383	196	0,6
0,7	0,26134	2357	185	0,26882	2468	205	0,27608	2581	228	0,7
0,8	0,28677	2543	213	0,29557	2675	239	0,30417	2809	266	0,8
0,9	0,31434	2757	247	0,32472	2915	279	0,33494	3077	316	0,9
1,0	0,34444	3010	293	0,35670	3198	334	0,36890	3396	379	1,0
	$\Theta = 82° 47,47'$			$\Theta = 83° 29,25'$			$\Theta = 84° 7,65'$			

$$\lg \frac{\operatorname{sn} u}{\sin x}$$

z	q=0,27	Δ	Δ²	q=0,28	Δ	Δ²	q=0,29	Δ	Δ²	z
−1,0	0,00000	1054	42	0,00000	1063	43	0,00000	1070	47	−1,0
−0,9	0,01054	1100	46	0,01063	1109	46	0,01070	1119	49	−0,9
−0,8	0,02154	1149	49	0,02172	1161	52	0,02189	1171	52	−0,8
−0,7	0,03303	1202	53	0,03333	1216	55	0,03360	1228	57	−0,7
−0,6	0,04505	1260	58	0,04549	1275	59	0,04588	1290	62	−0,6
−0,5	0,05765	1323	63	0,05824	1342	67	0,05878	1358	68	−0,5
−0,4	0,07088	1392	69	0,07166	1413	71	0,07236	1433	75	−0,4
−0,3	0,08480	1467	75	0,08579	1492	79	0,08669	1515	82	−0,3
−0,2	0,09947	1550	83	0,10071	1579	87	0,10184	1606	91	−0,2
−0,1	0,11497	1641	91	0,11650	1675	96	0,11790	1708	102	−0,1
0,0	0,13138	1743	102	0,13325	1783	108	0,13498	1821	113	0,0
0,1	0,14881	1857	113	0,15108	1904	121	0,15319	1949	128	0,1
0,2	0,16738	1984	127	0,17012	2039	135	0,17268	2092	144	0,2
0,3	0,18722	2127	143	0,19051	2193	153	0,19360	2257	164	0,3
0,4	0,20849	2290	162	0,21244	2368	175	0,21617	2446	188	0,4
0,5	0,23139	2478	186	0,23612	2571	201	0,24063	2665	218	0,5
0,6	0,25617	2693	215	0,26183	2807	234	0,26728	2921	254	0,6
0,7	0,28310	2946	251	0,28990	3085	276	0,29649	3225	303	0,7
0,8	0,31256	3244	296	0,32075	3416	328	0,32874	3592	362	0,8
0,9	0,34500	3602	354	0,35491	3817	397	0,36466	4041	444	0,9
1,0	0,38102		431	0,39308		489	0,40507		553	1,0
	$\Theta = 84° 42,90'$			$\Theta = 85° 15,23'$			$\Theta = 85° 44,84'$			

z	q=0,30	Δ	Δ²	q=0,31	Δ	Δ²	q=0,32	Δ	Δ²	z
−1,0	0,00000	1077	47	0,00000	1082	45	0,00000	1087	47	−1,0
−0,9	0,01077	1126	49	0,01082	1134	52	0,01087	1140	53	−0,9
−0,8	0,02203	1180	54	0,02216	1188	54	0,02227	1196	56	−0,8
−0,7	0,03383	1239	59	0,03404	1249	61	0,03423	1258	62	−0,7
−0,6	0,04622	1304	65	0,04653	1315	66	0,04681	1325	67	−0,6
−0,5	0,05926	1373	69	0,05968	1388	73	0,06006	1401	76	−0,5
−0,4	0,07299	1451	78	0,07356	1468	80	0,07407	1484	83	−0,4
−0,3	0,08750	1537	86	0,08824	1557	89	0,08891	1575	91	−0,3
−0,2	0,10287	1632	95	0,10381	1656	99	0,10466	1679	103	−0,2
−0,1	0,11919	1739	107	0,12037	1767	111	0,12145	1794	115	−0,1
0,0	0,13658	1857	118	0,13804	1892	125	0,13939	1924	130	0,0
0,1	0,15515	1992	134	0,15696	2033	141	0,15863	2073	147	0,1
0,2	0,17507	2144	152	0,17729	2195	161	0,17936	2243	170	0,2
0,3	0,19651	2320	175	0,19924	2380	185	0,20179	2439	195	0,3
0,4	0,21971	2521	201	0,22304	2596	214	0,22618	2670	229	0,4
0,5	0,24492	2757	235	0,24900	2849	251	0,25288	2940	268.	0,5
0,6	0,27249	3036	276	0,27749	3151	298	0,28228	3265	323	0,6
0,7	0,30285	3368	330	0,30900	3513	359	0,31493	3661	390	0,7
0,8	0,33653	3773	400	0,34413	3959	440	0,35154	4150	484	0,8
0,9	0,37426	4275	496	0,38372	4519	551	0,39304	4772	611	0,9
1,0	0,41701		633	0,42891		706	0,44076		797	1,0
	$\Theta = 86° 11,91'$			$\Theta = 86° 36,62'$			$\Theta = 86° 59,14'$			

$$\lg \frac{\operatorname{sn} u}{\sin x}$$

z	q=0,33	Δ	Δ²	q=0,34	Δ	Δ²	q=0,35	Δ	Δ²	z
−1,0	0,00000	1092	48	0,00000	1095	49	0,00000	1099	50	−1,0
−0,9	0,01092	1144	52	0,01095	1150	55	0,01099	1153	54	−0,9
−0,8	0,02236	1203	59	0,02245	1208	58	0,02252	1213	60	−0,8
−0,7	0,03439	1266	63	0,03453	1273	65	0,03465	1279	66	−0,7
−0,6	0,04705	1335	69	0,04726	1344	71	0,04744	1352	73	−0,6
−0,5	0,06040	1413	78	0,06070	1423	79	0,06096	1433	81	−0,5
−0,4	0,07453	1497	84	0,07493	1511	88	0,07529	1522	89	−0,4
−0,3	0,08950	1593	96	0,09004	1608	97	0,09051	1623	101	−0,3
−0,2	0,10543	1699	106	0,10612	1719	111	0,10674	1737	114	−0,2
−0,1	0,12242	1820	121	0,12331	1843	124	0,12411	1865	128	−0,1
0,0	0,14062	1955	135	0,14174	1984	141	0,14276	2012	146	0,0
0,1	0,16017	2111	156	0,16158	2147	161	0,16288	2181	168	0,1
0,2	0,18128	2289	177	0,18305	2334	186	0,18469	2377	195	0,2
0,3	0,20417	2497	207	0,20639	2553	217	0,20846	2606	228	0,3
0,4	0,22914	2741	242	0,23192	2811	256	0,23452	2880	270	0,4
0,5	0,25655	3031	287	0,26003	3120	306	0,26332	3208	325	0,5
0,6	0,28686	3380	346	0,29123	3495	371	0,29540	3610	397	0,6
0,7	0,32066	3809	424	0,32618	3960	458	0,33150	4111	495	0,7
0,8	0,35875	4347	529	0,36578	4547	578	0,37261	4754	631	0,8
0,9	0,40222	5037	678	0,41125	5314	750	0,42015	5603	829	0,9
1,0	0,45259		869	0,46439		1008	0,47618		1132	1,0
	$\Theta = 87°\ 19,62'$			$\Theta = 87°\ 38,20'$			$\Theta = 87°\ 55,02'$			

z	q=0,36	Δ	Δ²	q=0,37	Δ	Δ²	q=0,38	Δ	Δ²	z
−1,0	0,00000	1101	50	0,00000	1104	51	0,00000	1106	51	−1,0
−0,9	0,01101	1157	55	0,01104	1159	56	0,01106	1162	57	−0,9
−0,8	0,02258	1218	61	0,02263	1222	62	0,02268	1225	62	−0,8
−0,7	0,03476	1284	66	0,03485	1289	68	0,03493	1293	69	−0,7
−0,6	0,04760	1359	74	0,04774	1365	75	0,04786	1371	76	−0,6
−0,5	0,06119	1441	82	0,06139	1449	84	0,06157	1456	86	−0,5
−0,4	0,07560	1534	92	0,07588	1543	94	0,07613	1551	95	−0,4
−0,3	0,09094	1636	102	0,09131	1649	106	0,09164	1659	108	−0,3
−0,2	0,10730	1753	117	0,10780	1768	119	0,10823	1783	122	−0,2
−0,1	0,12483	1886	131	0,12548	1905	136	0,12606	1922	140	−0,1
0,0	0,14369	2038	152	0,14453	2062	156	0,14528	2085	161	0,0
0,1	0,16407	2213	174	0,16515	2243	181	0,16613	2272	187	0,1
0,2	0,18620	2417	204	0,18758	2457	211	0,18885	2494	219	0,2
0,3	0,21037	2659	238	0,21215	2709	250	0,21379	2757	261	0,3
0,4	0,23696	2946	286	0,23924	3011	299	0,24136	3074	314	0,4
0,5	0,26642	3295	344	0,26935	3380	365	0,27210	3463	385	0,5
0,6	0,29937	3724	425	0,30315	3838	451	0,30673	3951	480	0,6
0,7	0,33661	4265	532	0,34153	4420	573	0,34624	4577	614	0,7
0,8	0,37926	4966	687	0,38573	5182	746	0,39201	5404	809	0,8
0,9	0,42892	5904	914	0,43755	6219	1007	0,44605	6548	1107	0,9
1,0	0,48796		1271	0,49974		1425	0,51153		1598	1,0
	$\Theta = 88°\ 10,21'$			$\Theta = 88°\ 23,89'$			$\Theta = 88°\ 36,18'$			

$$\lg \frac{\operatorname{sn} u}{\sin x}$$

z	q=0,39	Δ	Δ²	q=0,40	Δ	Δ²	q=0,41	Δ	Δ²	z
−1,0	0,00000		52	0,00000		52	0,00000		53	−1,0
		1107			1109			1110		
−0,9	0,01107		57	0,01109		58	0,01110		58	−0,9
		1165			1166			1167		
−0,8	0,02272		63	0,02275		63	0,02277		64	−0,8
		1227			1230			1232		
−0,7	0,03499		70	0,03505		71	0,03509		71	−0,7
		1298			1300			1304		
−0,6	0,04797		77	0,04805		78	0,04813		79	−0,6
		1375			1379			1382		
−0,5	0,06172		87	0,06184		88	0,06195		89	−0,5
		1461			1468			1472		
−0,4	0,07633		97	0,07652		99	0,07667		100	−0,4
		1560			1566			1573		
−0,3	0,09193		110	0,09218		112	0,09240		114	−0,3
		1669			1679			1686		
−0,2	0,10862		125	0,10897		127	0,10926		130	−0,2
		1795			1806			1818		
−0,1	0,12657		143	0,12703		147	0,12744		150	−0,1
		1939			1954			1967		
0,0	0,14596		165	0,14657		170	0,14711		174	0,0
		2106			2125			2143		
0,1	0,16702		193	0,16782		199	0,16854		204	0,1
		2299			2325			2349		
0,2	0,19001		227	0,19107		235	0,19203		243	0,2
		2529			2562			2593		
0,3	0,21530		272	0,21669		282	0,21796		293	0,3
		2803			2847			2889		
0,4	0,24333		329	0,24516		343	0,24685		358	0,4
		3135			3194			3251		
0,5	0,27468		405	0,27710		426	0,27936		446	0,5
		3546			3626			3704		
0,6	0,31014		509	0,31336		539	0,31640		570	0,6
		4063			4174			4284		
0,7	0,35077		658	0,35510		702	0,35924		749	0,7
		4733			4891			5049		
0,8	0,39810		875	0,40401		946	0,40973		1020	0,8
		5632			5864			6102		
0,9	0,45442		1217	0,46265		1334	0,47075		1461	0,9
		6891			7250			7626		
1,0	0,52333		1789	0,53515		2003	0,54701		2241	1,0

$$\Theta = 88° \ 47,18' \qquad \Theta = 88° \ 57,00' \qquad \Theta = 89° \ 5,73'$$

z	q=0,42	Δ	Δ²	q=0,43	Δ	Δ²	q=0,44	Δ	Δ²	z
−1,0	0,00000		53	0,00000		53	0,00000		53	−1,0
		1111			1111			1112		
−0,9	0,01111		58	0,01111		59	0,01112		59	−0,9
		1169			1170			1171		
−0,8	0,02280		64	0,02281		65	0,02283		65	−0,8
		1233			1235			1236		
−0,7	0,03513		72	0,03516		72	0,03519		73	−0,7
		1306			1308			1309		
−0,6	0,04819		80	0,04824		81	0,04828		81	−0,6
		1386			1389			1391		
−0,5	0,06205		90	0,06213		91	0,06219		92	−0,5
		1476			1479			1483		
−0,4	0,07681		101	0,07692		102	0,07702		104	−0,4
		1578			1583			1587		
−0,3	0,09259		115	0,09275		117	0,09289		118	−0,3
		1694			1700			1706		
−0,2	0,10953		132	0,10975		134	0,10995		136	−0,2
		1826			1836			1843		
−0,1	0,12779		153	0,12811		156	0,12838		158	−0,1
		1981			1991			2002		
0,0	0,14760		178	0,14802		182	0,14840		185	0,0
		2159			2175			2188		
0,1	0,16919		210	0,16977		215	0,17028		220	0,1
		2370			2391			2410		
0,2	0,19289		250	0,19368		257	0,19438		264	0,2
		2623			2650			2676		
0,3	0,21912		303	0,22018		313	0,22114		322	0,3
		2929			2967			3002		
0,4	0,24841		372	0,24985		386	0,25116		400	0,4
		3306			3358			3408		
0,5	0,28147		467	0,28343		488	0,28524		509	0,5
		3780			3853			3926		
0,6	0,31927		601	0,32196		632	0,32450		664	0,6
		4392			4499			4604		
0,7	0,36319		797	0,36695		846	0,37054		897	0,7
		5209			5368			5526		
0,8	0,41528		1099	0,42063		1191	0,42580		1268	0,8
		6344			6592			6844		
0,9	0,47872		1599	0,48655		1747	0,49424		1906	0,9
		8018			8429			8859		
1,0	0,55890		2507	0,57084		2804	0,58283		3134	1,0

$$\Theta = 89° \ 13,46' \qquad \Theta = 89° \ 20,29' \qquad \Theta = 89° \ 26,28'$$

3*

$$\lg \frac{\operatorname{sn} u}{\sin x}$$

z	q=0,45	Δ	Δ²	q=0,46	Δ	Δ²	q=0,47	Δ	Δ²	z
-1,0	0,00000		53	0,00000		53	0,00000		54	-1,0
-0,9	0,01112	1112	59	0,01113	1113	59	0,01113	1113	60	-0,9
-0,8	0,02284	1172	65	0,02285	1172	66	0,02286	1173	66	-0,8
-0,7	0,03521	1237	73	0,03523	1238	74	0,03524	1238	74	-0,7
-0,6	0,04832	1311	82	0,04835	1312	82	0,04837	1313	83	-0,6
-0,5	0,06225	1393	92	0,06229	1394	93	0,06233	1396	94	-0,5
-0,4	0,07710	1485	105	0,07717	1488	105	0,07723	1490	106	-0,4
-0,3	0,09301	1591	120	0,09311	1594	121	0,09319	1596	122	-0,3
-0,2	0,11012	1711	138	0,11026	1715	139	0,11038	1719	141	-0,2
-0,1	0,12861	1849	160	0,12882	1856	163	0,12899	1861	165	-0,1
0,0	0,14872	2011	188	0,14901	2019	191	0,14926	2027	194	0,0
0,1	0,17073	2201	224	0,17113	2212	229	0,17149	2223	233	0,1
0,2	0,19501	2428	270	0,19557	2444	277	0,19606	2457	282	0,2
0,3	0,22201	2700	332	0,22279	2722	340	0,22349	2743	349	0,3
0,4	0,25237	3035	414	0,25347	3068	427	0,25446	3097	440	0,4
0,5	0,28693	3456	529	0,28848	3501	550	0,28990	3544	570	0,5
0,6	0,32687	3994	696	0,32909	4061	728	0,33116	4126	760	0,6
0,7	0,37394	4707	950	0,37716	4807	1003	0,38021	4905	1058	0,7
0,8	0,43079	5685	1358	0,43559	5843	1453	0,44021	6000	1552	0,8
0,9	0,50180	7101	2077	0,50921	7362	2261	0,51649	7628	2458	0,9
1,0	0,59488	9308	3503	0,60700	9779	3915	0,61919	10270	4374	1,0

$$\Theta = 89° 31{,}53' \qquad \Theta = 89° 36{,}10' \qquad \Theta = 89° 40{,}06'$$

z	q=0,48	Δ	Δ²	q=0,49	Δ	Δ²	q=0,50	Δ	Δ²	z
-1,0	0,00000		53	0,00000		54	0,00000		54	-1,0
-0,9	0,01113	1113	60	0,01113	1113	60	0,01113	1113	60	-0,9
-0,8	0,02286	1173	66	0,02287	1174	66	0,02287	1174	66	-0,8
-0,7	0,03526	1240	74	0,03526	1239	74	0,03527	1240	74	-0,7
-0,6	0,04839	1313	83	0,04841	1315	83	0,04842	1315	83	-0,6
-0,5	0,06236	1397	94	0,06239	1398	95	0,06241	1399	95	-0,5
-0,4	0,07727	1491	107	0,07731	1492	107	0,07734	1493	108	-0,4
-0,3	0,09326	1599	123	0,09332	1601	124	0,09337	1603	125	-0,3
-0,2	0,11049	1723	142	0,11057	1725	143	0,11064	1727	144	-0,2
-0,1	0,12914	1865	167	0,12927	1870	169	0,12937	1873	170	-0,1
0,0	0,14947	2033	197	0,14966	2039	199	0,14981	2044	201	0,0
0,1	0,17179	2232	237	0,17206	2240	240	0,17229	2248	243	0,1
0,2	0,19650	2471	288	0,19688	2482	293	0,19722	2493	298	0,2
0,3	0,22412	2762	358	0,22468	2780	365	0,22517	2795	373	0,3
0,4	0,25536	3124	453	0,25617	3149	465	0,25690	3173	477	0,4
0,5	0,29121	3585	590	0,29240	3623	609	0,29349	3659	628	0,5
0,6	0,33308	4187	793	0,33486	4246	825	0,33650	4301	857	0,6
0,7	0,38309	5001	1113	0,38580	5094	1170	0,38834	5184	1227	0,7
0,8	0,44464	6155	1654	0,44889	6309	1761	0,45295	6461	1871	0,8
0,9	0,52361	7897	2670	0,53059	8170	2895	0,53741	8446	3136	0,9
1,0	0,63147	10786	4886	0,64385	11326	5459	0,65633	11892	6097	1,0

$$\Theta = 89° 43{,}47' \qquad \Theta = 89° 46{,}39' \qquad \Theta = 89° 48{,}87'$$

$$\lg \frac{\operatorname{cn} u}{\cos x}$$

z	$q = 0{,}01$	Δ	$q = 0{,}02$	Δ	$q = 0{,}03$	Δ	$q = 0{,}04$	Δ	z
−1,0	−0,01755	86	−0,03546	171	−0,05374	254	−0,07242	337	−1,0
−0,9	−0,01669	87	−0,03375	172	−0,05120	256	−0,06905	339	−0,9
−0,8	−0,01582	86	−0,03203	172	−0,04864	257	−0,06566	342	−0,8
−0,7	−0,01496	87	−0,03031	173	−0,04607	259	−0,06224	344	−0,7
−0,6	−0,01409	86	−0,02858	173	−0,04348	260	−0,05880	347	−0,6
−0,5	−0,01323	87	−0,02685	174	−0,04088	261	−0,05533	350	−0,5
−0,4	−0,01236	88	−0,02511	175	−0,03827	263	−0,05183	351	−0,4
−0,3	−0,01148	87	−0,02336	175	−0,03564	265	−0,04832	355	−0,3
−0,2	−0,01061	87	−0,02161	177	−0,03299	266	−0,04477	357	−0,2
−0,1	−0,00974	88	−0,01984	176	−0,03033	268	−0,04120	360	−0,1
0,0	−0,00886	88	−0,01808	178	−0,02765	269	−0,03760	363	0,0
0,1	−0,00798	88	−0,01630	178	−0,02496	271	−0,03397	366	0,1
0,2	−0,00710	88	−0,01452	179	−0,02225	272	−0,03031	368	0,2
0,3	−0,00622	88	−0,01273	180	−0,01953	274	−0,02663	371	0,3
0,4	−0,00534	89	−0,01093	180	−0,01679	276	−0,02292	375	0,4
0,5	−0,00445	88	−0,00913	181	−0,01403	277	−0,01917	377	0,5
0,6	−0,00357	89	−0,00732	182	−0,01126	279	−0,01540	380	0,6
0,7	−0,00268	89	−0,00550	183	−0,00847	281	−0,01160	384	0,7
0,8	−0,00179	90	−0,00367	183	−0,00566	282	−0,00776	386	0,8
0,9	−0,00089	89	−0,00184	184	−0,00284	284	−0,00390	390	0,9
1,0	−0,00000		−0,00000		−0,00000		−0,00000		1,0
	$\Theta = 22° 36{,}93'$		$\Theta = 31° 33{,}74'$		$\Theta = 38° 8{,}97'$		$\Theta = 43° 28{,}61'$		

z	$q = 0{,}05$	Δ	$q = 0{,}06$	Δ	$q = 0{,}07$	Δ	$q = 0{,}08$	Δ	z
−1,0	−0,09150	418	−0,11101	500	−0,13095	580	−0,15136	661	−1,0
−0,9	−0,08732	423	−0,10601	505	−0,12515	587	−0,14475	670	−0,9
−0,8	−0,08309	426	−0,10096	510	−0,11928	594	−0,13805	677	−0,8
−0,7	−0,07883	429	−0,09586	515	−0,11334	601	−0,13128	687	−0,7
−0,6	−0,07454	434	−0,09071	521	−0,10733	608	−0,12441	696	−0,6
−0,5	−0,07020	438	−0,08550	526	−0,10125	615	−0,11745	705	−0,5
−0,4	−0,06582	441	−0,08024	532	−0,09510	623	−0,11040	715	−0,4
−0,3	−0,06141	446	−0,07492	537	−0,08887	631	−0,10325	724	−0,3
−0,2	−0,05695	449	−0,06955	543	−0,08256	638	−0,09601	735	−0,2
−0,1	−0,05246	454	−0,06412	550	−0,07618	647	−0,08866	746	−0,1
0,0	−0,04792	458	−0,05862	556	−0,06971	655	−0,08120	756	0,0
0,1	−0,04334	463	−0,05306	562	−0,06316	663	−0,07364	768	0,1
0,2	−0,03871	467	−0,04744	568	−0,05653	673	−0,06596	779	0,2
0,3	−0,03404	472	−0,04176	575	−0,04980	682	−0,05817	791	0,3
0,4	−0,02932	476	−0,03601	582	−0,04298	691	−0,05026	804	0,4
0,5	−0,02456	482	−0,03019	589	−0,03607	701	−0,04222	817	0,5
0,6	−0,01974	486	−0,02430	596	−0,02906	710	−0,03405	830	0,6
0,7	−0,01488	491	−0,01834	604	−0,02196	722	−0,02575	844	0,7
0,8	−0,00997	496	−0,01230	611	−0,01474	731	−0,01731	858	0,8
0,9	−0,00501	501	−0,00619	619	−0,00743	743	−0,00873	873	0,9
1,0	−0,00000		−0,00000		−0,00000		−0,00000		1,0
	$\Theta = 47° 58{,}64'$		$\Theta = 51° 52{,}61'$		$\Theta = 55° 18{,}69'$		$\Theta = 58° 22{,}31'$		

$$\lg \frac{\operatorname{cn} u}{\cos x}$$

z	q = 0,09	Δ	Δ²	q = 0,10	Δ	Δ²	q = 0,11	Δ	Δ²	z
−1,0	−0,17223	741	10	−0,19360	822	12	−0,21548	903	14	−1,0
−0,9	−0,16482	752	11	−0,18538	834	12	−0,20645	917	14	−0,9
−0,8	−0,15730	762	10	−0,17704	846	12	−0,19728	931	14	−0,8
−0,7	−0,14968	773	11	−0,16858	860	14	−0,18797	947	16	−0,7
−0,6	−0,14195	784	11	−0,15998	873	13	−0,17850	963	16	−0,6
−0,5	−0,13411	795	11	−0,15125	887	14	−0,16887	979	16	−0,5
−0,4	−0,12616	808	13	−0,14238	901	14	−0,15908	996	17	−0,4
−0,3	−0,11808	820	12	−0,13337	917	16	−0,14912	1014	18	−0,3
−0,2	−0,10988	832	12	−0,12420	932	15	−0,13898	1033	19	−0,2
−0,1	−0,10156	846	14	−0,11488	948	16	−0,12865	1052	19	−0,1
0,0	−0,09310	860	14	−0,10540	965	17	−0,11813	1073	21	0,0
0,1	−0,08450	874	14	−0,09575	982	17	−0,10740	1093	20	0,1
0,2	−0,07576	889	15	−0,08593	1001	19	−0,09647	1116	23	0,2
0,3	−0,06687	904	15	−0,07592	1020	19	−0,08531	1139	23	0,3
0,4	−0,05783	920	16	−0,06572	1040	20	−0,07392	1163	24	0,4
0,5	−0,04863	937	17	−0,05532	1061	21	−0,06229	1189	26	0,5
0,6	−0,03926	953	16	−0,04471	1082	21	−0,05040	1216	27	0,6
0,7	−0,02973	972	19	−0,03389	1106	24	−0,03824	1244	28	0,7
0,8	−0,02001	991	19	−0,02283	1129	23	−0,02580	1274	30	0,8
0,9	−0,01010	1010	19	−0,01154	1154	25	−0,01306	1306	32	0,9
1,0	−0,00000		20	−0,00000		25	−0,00000		34	1,0
	Θ = 61° 7,29'			Θ = 63° 36,45'			Θ = 65° 51,96'			

z	q = 0,12	Δ	Δ²	q = 0,13	Δ	Δ²	q = 0,14	Δ	Δ²	z
−1,0	−0,23790	985	15	−0,26087	1067	17	−0,28441	1150	19	−1,0
−0,9	−0,22805	1000	15	−0,25020	1085	18	−0,27291	1171	21	−0,9
−0,8	−0,21805	1018	18	−0,23935	1105	20	−0,26120	1192	21	−0,8
−0,7	−0,20787	1035	17	−0,22830	1124	19	−0,24928	1214	22	−0,7
−0,6	−0,19752	1053	18	−0,21706	1145	21	−0,23714	1238	24	−0,6
−0,5	−0,18699	1073	20	−0,20561	1166	21	−0,22476	1262	24	−0,5
−0,4	−0,17626	1092	19	−0,19395	1190	24	−0,21214	1289	27	−0,4
−0,3	−0,16534	1113	21	−0,18205	1214	24	−0,19925	1315	26	−0,3
−0,2	−0,15421	1135	22	−0,16991	1239	25	−0,18610	1345	30	−0,2
−0,1	−0,14286	1158	23	−0,15752	1265	26	−0,17265	1375	30	−0,1
0,0	−0,13128	1182	24	−0,14487	1293	28	−0,15890	1407	32	0,0
0,1	−0,11946	1207	25	−0,13194	1323	30	−0,14483	1440	33	0,1
0,2	−0,10739	1233	26	−0,11871	1354	31	−0,13043	1477	37	0,2
0,3	−0,09506	1261	28	−0,10517	1386	32	−0,11566	1516	39	0,3
0,4	−0,08245	1291	30	−0,09131	1422	36	−0,10050	1555	39	0,4
0,5	−0,06954	1321	30	−0,07709	1458	36	−0,08495	1600	45	0,5
0,6	−0,05633	1354	33	−0,06251	1497	39	−0,06895	1646	46	0,6
0,7	−0,04279	1389	35	−0,04754	1540	43	−0,05249	1695	49	0,7
0,8	−0,02890	1426	37	−0,03214	1583	43	−0,03554	1748	53	0,8
0,9	−0,01464	1464	38	−0,01631	1631	48	−0,01806	1806	58	0,9
1,0	−0,00000		40	−0,00000		51	−0,00000		62	1,0
	Θ = 67°55,54'			Θ = 69° 48,57'			Θ = 71° 32,19'			

$$\lg \frac{\operatorname{cn} u}{\cos x}$$

z	$q = 0{,}21$	Δ	Δ^2	$q = 0{,}22$	Δ	Δ^2	$q = 0{,}23$	Δ	Δ^2	z
−1,0	−0,46734	1782	32	−0,49639	1882	33	−0,52626	1985	34	−1,0
−0,9	−0,44952	1815	33	−0,47757	1917	35	−0,50641	2022	37	−0,9
−0,8	−0,43137	1853	38	−0,45840	1956	39	−0,48619	2062	40	−0,8
−0,7	−0,41284	1891	38	−0,43884	1997	41	−0,46557	2106	44	−0,7
−0,6	−0,39393	1934	43	−0,41887	2041	44	−0,44451	2152	46	−0,6
−0,5	−0,37459	1978	44	−0,39846	2090	49	−0,42299	2203	51	−0,5
−0,4	−0,35481	2028	50	−0,37756	2141	51	−0,40096	2258	55	−0,4
−0,3	−0,33453	2079	51	−0,35615	2198	57	−0,37838	2318	60	−0,3
−0,2	−0,31374	2137	58	−0,33417	2259	61	−0,35520	2384	66	−0,2
−0,1	−0,29237	2199	62	−0,31158	2325	66	−0,33136	2455	71	−0,1
0,0	−0,27038	2265	66	−0,28833	2398	73	−0,30681	2533	78	0,0
0,1	−0,24773	2339	74	−0,26435	2478	80	−0,28148	2619	86	0,1
0,2	−0,22434	2419	80	−0,23957	2565	87	−0,25529	2715	96	0,2
0,3	−0,20015	2507	88	−0,21392	2662	97	−0,22814	2820	105	0,3
0,4	−0,17508	2604	97	−0,18730	2769	107	−0,19994	2938	118	0,4
0,5	−0,14904	2711	*107*	−0,15961	2888	*119*	−0,17056	3070	*131*	0,5
0,6	−0,12193	2830	*119*	−0,13073	3022	*133*	−0,13986	3219	*148*	0,6
0,7	−0,09363	2964	*133*	−0,10051	3172	*150*	−0,10767	3387	*168*	0,7
0,8	−0,06399	3114	*150*	−0,06879	3342	*170*	−0,07380	3579	*192*	0,8
0,9	−0,03285	3285	*170*	−0,03537	3537	*194*	−0,03801	3801	*221*	0,9
1,0	−0,00000		*193*	−0,00000		*223*	−0,00000		*257*	1,0

| | $\Theta = 80° 19{,}17'$ | | | $\Theta = 81° 12{,}72'$ | | | $\Theta = 82° 2{,}05'$ | | | |

z	$q = 0{,}24$	Δ	Δ^2	$q = 0{,}25$	Δ	Δ^2	$q = 0{,}26$	Δ	Δ^2	z
−1,0	−0,55699	2092	35	−0,58861	2203	36	−0,62115	2318	36	−1,0
−0,9	−0,53607	2131	39	−0,56658	2243	40	−0,59797	2358	40	−0,9
−0,8	−0,51476	2172	41	−0,54415	2285	42	−0,57439	2402	44	−0,8
−0,7	−0,49304	2217	45	−0,52130	2332	47	−0,55037	2451	49	−0,7
−0,6	−0,47087	2266	49	−0,49798	2383	51	−0,52586	2503	52	−0,6
−0,5	−0,44821	2319	53	−0,47415	2439	56	−0,50083	2562	59	−0,5
−0,4	−0,42502	2378	59	−0,44976	2500	61	−0,47521	2625	63	−0,4
−0,3	−0,40124	2441	63	−0,42476	2567	67	−0,44896	2696	71	−0,3
−0,2	−0,37683	2510	69	−0,39909	2640	73	−0,42200	2774	78	−0,2
−0,1	−0,35173	2588	78	−0,37269	2722	82	−0,39426	2859	85	−0,1
0,0	−0,32585	2671	83	−0,34547	2812	90	−0,36567	2956	97	0,0
0,1	−0,29914	2764	93	−0,31735	2912	100	−0,33611	3063	107	0,1
0,2	−0,27150	2867	103	−0,28823	3023	111	−0,30548	3182	*119*	0,2
0,3	−0,24283	2982	115	−0,25800	3148	*124*	−0,27366	3317	*134*	0,3
0,4	−0,21301	3112	*128*	−0,22652	3288	*140*	−0,24049	3470	*152*	0,4
0,5	−0,18189	3256	*144*	−0,19364	3448	*159*	−0,20579	3643	*173*	0,5
0,6	−0,14933	3421	*164*	−0,15916	3629	*181*	−0,16936	3844	*199*	0,6
0,7	−0,11512	3609	*187*	−0,12287	3839	*208*	−0,13092	4076	*231*	0,7
0,8	−0,07903	3825	*216*	−0,08448	4081	*241*	−0,09016	4347	*269*	0,8
0,9	−0,04078	4078	*250*	−0,04367	4367	*283*	−0,04669	4669	*320*	0,9
1,0	−0,00000		*295*	−0,00000		*337*	−0,00000		*383*	1,0

| | $\Theta = 82° 47{,}47'$ | | | $\Theta = 83° 29{,}25'$ | | | $\Theta = 84° 7{,}65'$ | | | |

$$\lg \frac{cn\,u}{\cos x}$$

z	q = 0,15	Δ	Δ²	q = 0,16	Δ	Δ²	q = 0,17	Δ	Δ²
−1,0	−0,30855	1235	21	−0,33331	1321	23	−0,35872	1409	25
−0,9	−0,29620	1257	22	−0,32010	1345	24	−0,34463	1435	26
−0,8	−0,28363	1281	24	−0,30665	1372	27	−0,33028	1464	29
−0,7	−0,27082	1306	25	−0,29293	1398	26	−0,31564	1493	29
−0,6	−0,25776	1332	26	−0,27895	1428	30	−0,30071	1525	32
−0,5	−0,24444	1359	27	−0,26467	1458	30	−0,28546	1558	33
−0,4	−0,23085	1389	30	−0,25009	1490	32	−0,26988	1594	36
−0,3	−0,21696	1419	30	−0,23519	1525	35	−0,25394	1631	37
−0,2	−0,20277	1452	33	−0,21994	1560	35	−0,23763	1672	41
−0,1	−0,18825	1486	34	−0,20434	1600	40	−0,22091	1715	43
0,0	−0,17339	1523	37	−0,18834	1641	41	−0,20376	1761	46
0,1	−0,15816	1561	38	−0,17193	1684	43	−0,18615	1810	49
0,2	−0,14255	1603	42	−0,15509	1732	48	−0,16805	1863	53
0,3	−0,12652	1647	44	−0,13777	1782	50	−0,14942	1921	58
0,4	−0,11005	1694	47	−0,11995	1836	54	−0,13021	1982	61
0,5	−0,09311	1745	51	−0,10159	1895	59	−0,11039	2049	67
0,6	−0,07566	1799	54	−0,08264	1957	62	−0,08990	2121	72
0,7	−0,05767	1858	59	−0,06307	2026	69	−0,06869	2200	79
0,8	−0,03909	1920	62	−0,04281	2100	74	−0,04669	2287	87
0,9	−0,01989	1989	69	−0,02181	2181	81	−0,02382	2382	95
1,0	−0,00000		74	−0,00000		88	−0,00000		104

$$\Theta = 73° 7,35' \qquad \Theta = 74° 34,86' \qquad \Theta = 75° 55,42'$$

z	q = 0,18	Δ	Δ²	q = 0,19	Δ	Δ²	q = 0,20	Δ	Δ²
−1,0	−0,38480	1499	27	−0,41157	1590	29	−0,43908	1685	3
−0,9	−0,36981	1527	28	−0,39567	1621	31	−0,42223	1717	3
−0,8	−0,35454	1557	30	−0,37946	1653	32	−0,40506	1751	3
−0,7	−0,33897	1590	33	−0,36293	1688	35	−0,38755	1789	3
−0,6	−0,32307	1623	33	−0,34605	1725	37	−0,36966	1828	3
−0,5	−0,30684	1661	38	−0,32880	1764	39	−0,35138	1870	4
−0,4	−0,29023	1699	38	−0,31116	1806	42	−0,33268	1916	4
−0,3	−0,27324	1740	41	−0,29310	1852	46	−0,31352	1964	4
−0,2	−0,25584	1785	45	−0,27458	1899	47	−0,29388	2017	
−0,1	−0,23799	1832	47	−0,25559	1953	54	−0,27371	2074	
0,0	−0,21967	1884	52	−0,23606	2008	55	−0,25297	2136	
0,1	−0,20083	1938	54	−0,21598	2069	61	−0,23161	2203	
0,2	−0,18145	1998	60	−0,19529	2135	66	−0,20958	2275	
0,3	−0,16147	2062	64	−0,17394	2207	72	−0,18683	2356	
0,4	−0,14085	2132	70	−0,15187	2286	79	−0,16327	2442	
0,5	−0,11953	2207	75	−0,12901	2370	84	−0,13885	2539	
0,6	−0,09746	2291	84	−0,10531	2465	95	−0,11346	2645	1
0,7	−0,07455	2381	90	−0,08066	2569	104	−0,08701	2763	1
0,8	−0,05074	2482	101	−0,05497	2684	115	−0,05938	2895	
0,9	−0,02592	2592	110	−0,02813	2813	129	−0,03043	3043	
1,0	−0,00000		123	−0,00000		143	−0,00000		

$$\Theta = 77° 9,63' \qquad \Theta = 78° 18,02' \qquad \Theta = 79° 21,06'$$

z	q = 0,27	Δ	Δ²	q = 0,28	Δ	Δ²	q = 0,29	Δ	Δ²	z
−1,0	−0,65467		37	−0,68920		37	−0,72479		39	−1,0
		2438			2562			2693		
−0,9	−0,63029		40	−0,66358		42	−0,69786		40	−0,9
		2478			2604			2733		
−0,8	−0,60551		46	−0,63754		45	−0,67053		46	−0,8
		2524			2649			2779		
−0,7	−0,58027		48	−0,61105		50	−0,64274		51	−0,7
		2572			2699			2830		
−0,6	−0,55455		56	−0,58406		56	−0,61444		58.	−0,6
		2628			2755			2888		
−0,5	−0,52827		59	−0,55651		63	−0,58556		63	−0,5
		2687			2818			2951		
−0,4	−0,50140		68	−0,52833		68	−0,55605		72	−0,4
		2755			2886			3023		
−0,3	−0,47385		73	−0,49947		78	−0,52582		79	−0,3
		2828			2964			3102		
−0,2	−0,44557		82	−0,46983		85	−0,49480		90	−0,2
		2910			3049			3192		
−0,1	−0,41647		90	−0,43934		96	−0,46288		101	−0,1
		3000			3145			3293		
0,0	−0,38647		103	−0,40789		108	−0,42995		113	0,0
		3103			3253			3406		
0,1	−0,35544		114	−0,37536		121	−0,39589		129	0,1
		3216			3374			3535		
0,2	−0,32328		128	−0,34162		136	−0,36054		145	0,2
		3345			3510			3680		
0,3	−0,28983		145	−0,30652		155	−0,32374		166	0,3
		3490			3667			3846		
0,4	−0,25493		165	−0,26985		178	−0,28528		191	0,4
		3655			3844			4039		
0,5	−0,21838		189	−0,23141		205	−0,24489		222	0,5
		3845			4051			4262		
0,6	−0,17993		218	−0,19090		238	−0,20227		260	0,6
		4064			4291			4523		
0,7	−0,13929		254	−0,14799		280	−0,15704		308	0,7
		4320			4573			4834		
0,8	−0,09609		300	−0,10226		334	−0,10870		369	0,8
		4623			4909			5207		
0,9	−0,04986		359	−0,05317		403	−0,05663		452	0,9
		4986			5317			5663		
1,0	−0,00000		437	−0,00000		496	−0,00000		562	1,0

$$\Theta = 84° 42,90' \qquad \Theta = 85° 15,23' \qquad \Theta = 85° 44,84'$$

z	q = 0,30	Δ	Δ²	q = 0,31	Δ	Δ²	q = 0,32	Δ	Δ²	z
−1,0	−0,76148		35	−0,79932		30	−0,83838		32	−1,0
		2828			2970			3119		
−0,9	−0,73320		41	−0,76962		39	−0,80719		38	−0,9
		2869			3009			3157		
−0,8	−0,70451		45	−0,73953		46	−0,77562		44	−0,8
		2914			3055			3201		
−0,7	−0,67537		52	−0,70898		51	−0,74361		51	−0,7
		2966			3106			3252		
−0,6	−0,64571		58	−0,67792		60	−0,71109		60	−0,6
		3024			3166			3312		
−0,5	−0,61547		65	−0,64626		65	−0,67797		66	−0,5
		3089			3231			3378		
−0,4	−0,58458		74	−0,61395		77	−0,64419		78	−0,4
		3163			3308			3456		
−0,3	−0,55295		83	−0,58087		84	−0,60963		88	−0,3
		3246			3392			3544		
−0,2	−0,52049		92	−0,54695		97	−0,57419		99	−0,2
		3338			3489			3643		
−0,1	−0,48711		106	−0,51206		110	−0,53776		113	−0,1
		3444			3599			3758		
0,0	−0,45267		119	−0,47607		124	−0,50018		130	0,0
		3563			3723			3888		
0,1	−0,41704		135	−0,43884		142	−0,46130		149	0,1
		3698			3866			4038		
0,2	−0,38006		154	−0,40018		163	−0,42092		172	0,2
		3854			4031			4210		
0,3	−0,34152		177	−0,35987		188	−0,37882		200	0,3
		4031			4219			4412		
0,4	−0,30121		205	−0,31768		219	−0,33470		234	0,4
		4237			4440			4648		
0,5	−0,25884		239	−0,27328		258	−0,28822		277	0,5
		4478			4699			4926		
0,6	−0,21406		282	−0,22629		305	−0,23896		331	0,6
		4762			5008			5260		
0,7	−0,16644		337	−0,17621		368	−0,18636		401	0,7
		5103			5380			5665		
0,8	−0,11541		408	−0,12241		450	−0,12971		496	0,8
		5515			5835			6168		
0,9	−0,06026		504	−0,06406		562	−0,06803		625	0,9
		6026			6406			6803		
1,0	−0,00000		636	−0,00000		720	−0,00000		812	1,0

$$\Theta = 86° 11,91' \qquad \Theta = 86° 36,62' \qquad \Theta = 86° 59,14'$$

$$\lg \frac{\operatorname{cn} u}{\cos x}$$

z	q = 0,33	Δ	Δ²	q = 0,34	Δ	Δ²	q = 0,35	Δ	Δ²	z
−1,0	−0,87869	3274	30	−0,92033	3438	26	−0,96335	3609	22	−1,0
−0,9	−0,84595	3311	37	−0,88595	3471	33	−0,92726	3639	30	−0,9
−0,8	−0,81284	3353	42	−0,85124	3512	41	−0,89087	3678	39	−0,8
−0,7	−0,77931	3404	51	−0,81612	3562	50	−0,85409	3726	48	−0,7
−0,6	−0,74527	3463	59	−0,78050	3620	58	−0,81683	3783	57	−0,6
−0,5	−0,71064	3531	68	−0,74430	3688	68	−0,77900	3852	69	−0,5
−0,4	−0,67533	3609	78	−0,70742	3768	80	−0,74048	3931	79	−0,4
−0,3	−0,63924	3699	90	−0,66974	3859	91	−0,70117	4024	93	−0,3
−0,2	−0,60225	3802	103	−0,63115	3966	107	−0,66093	4133	109	−0,2
−0,1	−0,56423	3921	119	−0,59149	4087	121	−0,61960	4260	126	−0,1
0,0	−0,52502	4056	135	−0,55062	4229	140	−0,57700	4406	146	0,0
0,1	−0,48446	4214	158	−0,50833	4393	163	−0,53294	4577	170	0,1
0,2	−0,44232	4395	180	−0,46440	4585	190	−0,48717	4778	200	0,2
0,3	−0,39837	4609	213	−0,41855	4810	224	−0,43939	5015	235	0,3
0,4	−0,35228	4859	248	−0,37045	5076	264	−0,38924	5299	281	0,4
0,5	−0,30369	5159	298	−0,31969	5396	318	−0,33625	5639	337	0,5
0,6	−0,25210	5518	356	−0,26573	5784	383	−0,27986	6057	413	0,6
0,7	−0,19692	5960	436	−0,20789	6264	475	−0,21929	6576	512	0,7
0,8	−0,13732	6512	544	−0,14525	6869	595	−0,15353	7240	653	0,8
0,9	−0,07220	7220	694	−0,07656	7656	771	−0,08113	8113	852	0,9
1,0	−0,00000		915	−0,00000		1030	−0,00000		1161	1,0

| | Θ = 87° 19,62' | | | Θ = 87° 38,20' | | | Θ = 87° 55,02' | | | |

z	q = 0,36	Δ	Δ²	q = 0,37	Δ	Δ²	q = 0,38	Δ	Δ²	z
−1,0	−1,00783	3789	18	−1,05383	3978	12	−1,10144	4179	5	−1,0
−0,9	−0,96994	3816	27	−1,01405	4001	22	−1,05965	4194	16	−0,9
−0,8	−0,93178	3851	36	−0,97404	4032	32	−1,01771	4221	27	−0,8
−0,7	−0,89327	3897	45	−0,93372	4075	42	−0,97550	4261	39	−0,7
−0,6	−0,85430	3952	56	−0,89297	4129	54	−0,93289	4312	51	−0,6
−0,5	−0,81478	4021	67	−0,85168	4195	66	−0,88977	4377	65	−0,5
−0,4	−0,77457	4100	80	−0,80973	4275	80	−0,84600	4457	79	−0,4
−0,3	−0,73357	4195	94	−0,76698	4371	95	−0,80143	4552	96	−0,3
−0,2	−0,69162	4306	110	−0,72327	4484	112	−0,75591	4668	114	−0,2
−0,1	−0,64856	4435	129	−0,67843	4617	133	−0,70923	4803	136	−0,1
0,0	−0,60421	4588	151	−0,63226	4774	156	−0,66120	4966	161	0,0
0,1	−0,55833	4766	178	−0,58452	4959	184	−0,61154	5157	191	0,1
0,2	−0,51067	4976	209	−0,53493	5179	218	−0,55997	5387	227	0,2
0,3	−0,46091	5226	248	−0,48314	5441	260	−0,50610	5662	273	0,3
0,4	−0,40865	5525	297	−0,42873	5758	314	−0,44948	5995	330	0,4
0,5	−0,35340	5889	360	−0,37115	6144	382	−0,38953	6406	405	0,5
0,6	−0,29451	6336	442	−0,30971	6623	474	−0,32547	6917	505	0,6
0,7	−0,23115	6899	554	−0,24348	7231	598	−0,25630	7574	644	0,7
0,8	−0,16216	7625	711	−0,17117	8023	776	−0,18056	8436	844	0,8
0,9	−0,08591	8591	943	−0,09094	9094	1041	−0,09620	9620	1148	0,9
1,0	−0,00000		1304	−0,00000		1465	−0,00000		1644	1,0

| | Θ = 88° 10,21' | | | Θ = 88° 23,89' | | | Θ = 88° 36,18' | | | |

z	q = 0,39	Δ	Δ²	q = 0,40	Δ	Δ²	q = 0,41	Δ	Δ²	z
−1,0	−1,15072		−3	−1,20177		−13	−1,25469		−24	−1,0
		4388			4610			4845		
−0,9	−1,10684		10	−1,15567		1	−1,20624		−8	−0,9
		4398			4612			4837		
−0,8	−1,06286		22	−1,10955		15	−1,15787		8	−0,8
		4420			4627			4844		
−0,7	−1,01866		34	−1,06328		30	−1,10943		24	−0,7
		4454			4657			4868		
−0,6	−0,97412		48	−1,01671		44	−1,06075		40	−0,6
		4503			4701			4908		
−0,5	−0,92909		63	−0,96970		60	−1,01167		57	−0,5
		4566			4762			4965		
−0,4	−0,88343		78	−0,92208		77	−0,96202		75	−0,4
		4644			4838			5041		
−0,3	−0,83699		96	−0,87370		96	−0,91161		95	−0,3
		4740			4935			5135		
−0,2	−0,78959		116	−0,82435		117	−0,86026		118	−0,2
		4857			5052			5254		
−0,1	−0,74102		139	−0,77383		141	−0,80772		144	−0,1
		4996			5194			5399		
0,0	−0,69106		165	−0,72189		170	−0,75373		174	0,0
		5162			5365			5573		
0,1	−0,63944		198	−0,66824		204	−0,69800		210	0,1
		5361			5570			5785		
0,2	−0,58583		237	−0,61254		246	−0,64015		255	0,2
		5600			5818			6043		
0,3	−0,52983		286	−0,55436		298	−0,57972		311	0,3
		5888			6120			6357		
0,4	−0,47095		348	−0,49316		365	−0,51615		383	0,4
		6239			6488			6744		
0,5	−0,40856		429	−0,42828		453	−0,44871		479	0,5
		6673			6948			7229		
0,6	−0,34183		539	−0,35880		573	−0,37642		609	0,6
		7220			7530			7849		
0,7	−0,26963		692	−0,28350		743	−0,29793		796	0,7
		7926			8289			8662		
0,8	−0,19037		916	−0,20061		994	−0,21131		1077	0,8
		8865			9309			9771		
0,9	−0,10172		1264	−0,10752		1390	−0,11360		1527	0,9
		10172			10752			11360		
1,0	−0,00000		1844	−0,00000		2068	−0,00000		2318	1,0
	Θ = 88° 47,18′			Θ = 88° 57,00′			Θ = 89° 5,73′			

z	q = 0,42	Δ	Δ²	q = 0,43	Δ	Δ²	q = 0,44	Δ	Δ²	z
−1,0	−1,30956		−36	−1,36649		−51	−1,42561		−69	−1,0
		5092			5353			5630		
−0,9	−1,25864		−19	−1,31296		−31	−1,36931		−45	−0,9
		5073			5323			5586		
−0,8	−1,20791		0	−1,25973		−11	−1,31345		−22	−0,8
		5073			5311			5562		
−0,7	−1,15718		16	−1,20662		8	−1,25783		−1	−0,7
		5089			5321			5563		
−0,6	−1,10629		35	−1,15341		28	−1,20220		21	−0,6
		5124			5348			5583		
−0,5	−1,05505		52	−1,09993		48	−1,14637		43	−0,5
		5177			5397			5626		
−0,4	−1,00328		73	−1,04596		70	−1,09011		66	−0,4
		5249			5467			5692		
−0,3	−0,95079		93	−0,99129		92	−1,03319		90	−0,3
		5344			5560			5784		
−0,2	−0,89735		119	−0,93569		118	−0,97535		118	−0,2
		5463			5678			5901		
−0,1	−0,84272		145	−0,87891		147	−0,91634		149	−0,1
		5609			5827			6052		
0,0	−0,78663		179	−0,82064		182	−0,85582		185	0,0
		5788			6009			6238		
0,1	−0,72875		216	−0,76055		223	−0,79344		229	0,1
		6006			6234			6469		
0,2	−0,66869		265	−0,69821		273	−0,72875		282	0,2
		6273			6510			6753		
0,3	−0,60596		323	−0,63311		337	−0,66122		350	0,3
		6601			6851			7108		
0,4	−0,53995		402	−0,56460		420	−0,59014		438	0,4
		7006			7275			7551		
0,5	−0,46989		504	−0,49185		530	−0,51463		557	0,5
		7518			7814			8118		
0,6	−0,39471		647	−0,41371		685	−0,43345		725	0,6
		8175			8512			8857		
0,7	−0,31296		851	−0,32859		910	−0,34488		970	0,7
		9048			9444			9853		
0,8	−0,22248		1165	−0,23415		1257	−0,24635		1356	0,8
		10248			10744			11258		
0,9	−0,12000		1675	−0,12671		1836	−0,13377		2009	0,9
		12000			12671			13377		
1,0	−0,00000		2597	−0,00000		2908	−0,00000		3257	1,0
	Θ = 89° 13,46′			Θ = 89° 20,29′			Θ = 89° 26,28′			

$$\lg \frac{\operatorname{cn} u}{\cos x}$$

z	q = 0,45	Δ	Δ²	q = 0,46	Δ	Δ²	q = 0,47	Δ	Δ²	z
-1,0	-1,48702		-89	-1,55087		-112	-1,61728		-138	-1,0
		5923			6235			6564		
-0,9	-1,42779		-61	-1,48852		-80	-1,55164		-102	-0,9
		5862			6154			6462		
-0,8	-1,36917		-35	-1,42698		-50	-1,48702		-66	-0,8
		5827			6103			6395		
-0,7	-1,31090		-11	-1,36595		-23	-1,42307		-37	-0,7
		5815			6081			6359		
-0,6	-1,25275		13	-1,30514		4	-1,35948		-6	-0,6
		5828			6084			6351		
-0,5	-1,19447		36	-1,24430		29	-1,29597		21	-0,5
		5865			6114			6374		
-0,4	-1,13582		62	-1,18316		57	-1,23223		52	-0,4
		5927			61·71			6424		
-0,3	-1,07655		87	-1,12145		84	-1,16799		80	-0,3
		6015			6256			6506		
-0,2	-1,01640		118	-1,05889		117	-1,10293		115	-0,2
		6133			6372			6621		
-0,1	-0,95507		150	-0,99517		150	-1,03672		151	-0,1
		6284			6525			6774		
0,0	-0,89223		189	-0,92992		192	-0,96898		195	0,0
		6474			6718			6970		
0,1	-0,82749		234	-0,86274		240	-0,89928		245	0,1
		6711			6960			7218		
0,2	-0,76038		292	-0,79314		301	-0,82710		310	0,2
		7005			7263			7530		
0,3	-0,69033		363	-0,72051		376	-0,75180		389	0,3
		7372			7644			7924		
0,4	-0,61661		458	-0,64407		477	-0,67256		497	0,4
		7835			8127			8428		
0,5	-0,53826		584	-0,56280		612	-0,58828		641	0,5
		8430			8751			9081		
0,6	-0,45396		766	-0,47529		808	-0,49747		851	0,6
		9211			9577			9952		
0,7	-0,36185		1033	-0,37952		1099	-0,39795		1167	0,7
		10275			10708			11155		
0,8	-0,25910		1460	-0,27244		1570	-0,28640		1686	0,8
		11791			12344			12918		
0,9	-0,14119		2197	-0,14900		2399	-0,15722		2618	0,9
		14119			14900			15722		
1,0	-0,00000		3646	-0,00000		4081	-0,00000		4567	1,0

$$\Theta = 89° \ 31,53' \qquad \Theta = 89° \ 36,10' \qquad \Theta = 89° \ 40,06'$$

z	q = 0,48	Δ	Δ²	q = 0,49	Δ	Δ²	q = 0,50	Δ	Δ²	z
-1,0	-1,68642		-169	-1,75845		-204	-1,83354		-247	-1,0
		6914			7287			7683		
-0,9	-1,61728		-126	-1,68558		-154	-1,75671		-184	-0,9
		6789			7133			7498		
-0,8	-1,54939		-85	-1,61425		-109	-1,68173		-132	-0,8
		6701			7024			7363		
-0,7	-1,48238		-52	-1,54401		-70	-1,60810		-87	-0,7
		6650			6955			7277		
-0,6	-1,41588		-17	-1,47446		-30	-1,53533		-46	-0,6
		6631			6924			7229		
-0,5	-1,34957		11	-1,40522		1	-1,46304		-8	-0,5
		6644			6926			7221		
-0,4	-1,28313		45	-1,33596		39	-1,39083		29	-0,4
		6688			6964			7250		
-0,3	-1,21625		76	-1,26632		71	-1,31833		67	-0,3
		6766			7036			7318		
-0,2	-1,14859		113	-1,19596		111	-1,24515		107	-0,2
		6879			7147			7425		
-0,1	-1,07980		151	-1,12449		150	-1,17090		151	-0,1
		7032			7300			7578		
0,0	-1,00948		198	-1,05149		201	-1,09512		202	0,0
		7231			7501			7782		
0,1	-0,93717		250	-0,97648		255	-1,01730		262	0,1
		7484			7760			8045		
0,2	-0,86233		319	-0,89888		328	-0,93685		336	0,2
		7806			8090			8385		
0,3	-0,78427		402	-0,81798		415	-0,85300		430	0,3
		8214			8513			8821		
0,4	-0,70213		517	-0,73285		537	-0,76479		556	0,4
		8737			9056			9386		
0,5	-0,61476		669	-0,64229		699	-0,67093		731	0,5
		9421			9771			10132		
0,6	-0,52055		896	-0,54458		942	-0,56961		987	0,6
		10338			10735			11145		
0,7	-0,41717		1237	-0,43723		1310	-0,45816		1388	0,7
		11617			12094			12585		
0,8	-0,30100		1808	-0,31629		1937	-0,33231		2070	0,8
		13512			14130			14770		
0,9	-0,16588		2853	-0,17499		3106	-0,18461		3380	0,9
		16588			17499			18461		
1,0	-0,00000		5111	-0,00000		5720	-0,00000		6398	1,0

$$\Theta = 89° \ 43,47' \qquad \Theta = 89° \ 46,39' \qquad \Theta = 89° \ 48,87'$$

z	q = 0,01	Δ	q = 0,02	Δ	q = 0,03	Δ	q = 0,04	Δ	z
−1,0	−0,03475	174	−0,06952	348	−0,10436	523	−0,13927	699	−1,0
−0,9	−0,03301	174	−0,06604	347	−0,09913	523	−0,13228	698	−0,9
−0,8	−0,03127	173	−0,06257	348	−0,09390	522	−0,12530	697	−0,8
−0,7	−0,02954	174	−0,05909	348	−0,08868	522	−0,11833	697	−0,7
−0,6	−0,02780	174	−0,05561	347	−0,08346	522	−0,11136	696	−0,6
−0,5	−0,02606	174	−0,05214	348	−0,07824	521	−0,10440	696	−0,5
−0,4	−0,02432	173	−0,04866	347	−0,07303	522	−0,09744	695	−0,4
−0,3	−0,02259	174	−0,04519	348	−0,06781	521	−0,09049	696	−0,3
−0,2	−0,02085	174	−0,04171	347	−0,06260	521	−0,08353	695	−0,2
−0,1	−0,01911	174	−0,03824	348	−0,05739	521	−0,07658	694	−0,1
0,0	−0,01737	173	−0,03476	347	−0,05218	521	−0,06964	695	0,0
0,1	−0,01564	174	−0,03129	348	−0,04697	522	−0,06269	695	0,1
0,2	−0,01390	174	−0,02781	347	−0,04175	521	−0,05574	695	0,2
0,3	−0,01216	173	−0,02434	348	−0,03654	521	−0,04879	696	0,3
0,4	−0,01043	174	−0,02086	347	−0,03133	522	−0,04183	696	0,4
0,5	−0,00869	174	−0,01739	348	−0,02611	521	−0,03487	696	0,5
0,6	−0,00695	174	−0,01391	347	−0,02090	522	−0,02791	697	0,6
0,7	−0,00521	173	−0,01044	348	−0,01568	523	−0,02094	697	0,7
0,8	−0,00348	174	−0,00696	348	−0,01045	522	−0,01397	698	0,8
0,9	−0,00174	174	−0,00348	348	−0,00523	523	−0,00699	699	0,9
1,0	−0,00000		−0,00000		−0,00000		−0,00000		1,0
	Θ = 22° 36,93′		Θ = 31° 33,74′		Θ = 38° 8,97′		Θ = 43° 28,61′		

1,0	q = 0,05	Δ	q = 0,06	Δ	q = 0,07	Δ	q = 0,08	Δ	1,0
−1,0	−0,17430	877	−0,20947	1056	−0,24480	1238	−0,28033	1422	−1,0
−0,9	−0,16553	875	−0,19891	1054	−0,23242	1233	−0,26611	1415	−0,9
−0,8	−0,15678	873	−0,18837	1050	−0,22009	1229	−0,25196	1410	−0,8
−0,7	−0,14805	872	−0,17787	1049	−0,20780	1226	−0,23786	1405	−0,7
−0,6	−0,13933	871	−0,16738	1047	−0,19554	1224	−0,22381	1400	−0,6
−0,5	−0,13062	871	−0,15691	1045	−0,18330	1221	−0,20981	1397	−0,5
−0,4	−0,12191	870	−0,14646	1044	−0,17109	1219	−0,19584	1395	−0,4
−0,3	−0,11321	869	−0,13602	1044	−0,15890	1217	−0,18189	1392	−0,3
−0,2	−0,10452	868	−0,12558	1042	−0,14673	1217	−0,16797	1390	−0,2
−0,1	−0,09584	869	−0,11516	1043	−0,13456	1216	−0,15407	1390	−0,1
0,0	−0,08715	869	−0,10473	1042	−0,12240	1216	−0,14017	1390	0,0
0,1	−0,07846	869	−0,09431	1043	−0,11024	1217	−0,12627	1391	0,1
0,2	−0,06977	869	−0,08388	1043	−0,09807	1217	−0,11236	1392	0,2
0,3	−0,06108	869	−0,07345	1044	−0,08590	1219	−0,09844	1394	0,3
0,4	−0,05239	871	−0,06301	1046	−0,07371	1221	−0,08450	1397	0,4
0,5	−0,04368	871	−0,05255	1046	−0,06150	1223	−0,07053	1401	0,5
0,6	−0,03497	872	−0,04209	1049	−0,04927	1227	−0,05652	1404	0,6
0,7	−0,02625	874	−0,03160	1051	−0,03700	1229	−0,04248	1410	0,7
0,8	−0,01751	875	−0,02109	1053	−0,02471	1233	−0,02838	1416	0,8
0,9	−0,00876	876	−0,01056	1056	−0,01238	1238	−0,01422	1422	0,9
1,0	−0,00000		−0,00000		−0,00000		−0,00000		1,0
	Θ = 47° 58,64′		Θ = 51° 52,61′		Θ = 55° 18,69′		Θ = 58° 22,31′		

z	$q = 0{,}09$	Δ	Δ^2	$q = 0{,}10$	Δ	Δ^2	$q = 0{,}11$	Δ	Δ^2	z
-1,0	-0,31609	1609	-10	-0,35211	1801	-16	-0,38841	1995	-20	-1,0
-0,9	-0,30000	1601	-8	-0,33410	1787	-14	-0,36846	1979	-16	-0,9
-0,8	-0,28399	1592	-9	-0,31623	1777	-10	-0,34867	1963	-16	-0,8
-0,7	-0,26807	1584	-8	-0,29846	1766	-11	-0,32904	1950	-13	-0,7
-0,6	-0,25223	1579	-5	-0,28080	1759	-7	-0,30954	1939	-11	-0,6
-0,5	-0,23644	1574	-5	-0,26321	1751	-8	-0,29015	1929	-10	-0,5
-0,4	-0,22070	1570	-4	-0,24570	1746	-5	-0,27086	1923	-6	-0,4
-0,3	-0,20500	1567	-3	-0,22824	1742	-4	-0,25163	1917	-6	-0,3
-0,2	-0,18933	1564	-3	-0,21082	1739	-3	-0,23246	1914	-3	-0,2
-0,1	-0,17369	1564	0	-0,19343	1737	-2	-0,21332	1911	-3	-0,1
0,0	-0,15805	1564	0	-0,17606	1738	1	-0,19421	1912	1	0,0
0,1	-0,14241	1565	1	-0,15868	1739	1	-0,17509	1914	2	0,1
0,2	-0,12676	1567	2	-0,14129	1742	3	-0,15595	1917	3	0,2
0,3	-0,11109	1570	3	-0,12387	1746	4	-0,13678	1922	5	0,3
0,4	-0,09539	1573	3	-0,10641	1751	5	-0,11756	1930	8	0,4
0,5	-0,07966	1579	6	-0,08890	1759	8	-0,09826	1939	9	0,5
0,6	-0,06387	1585	6	-0,07131	1766	7	-0,07887	1950	11	0,6
0,7	-0,04802	1592	7	-0,05365	1777	11	-0,05937	1963	13	0,7
0,8	-0,03210	1600	8	-0,03588	1787	10	-0,03974	1978	15	0,8
0,9	-0,01610	1610	10	-0,01801	1801	14	-0,01996	1996	18	0,9
1,0	-0,00000		10	-0,00000		16	-0,00000		20	1,0

$$\Theta = 61^\circ\,7{,}29' \qquad \Theta = 63^\circ\,36{,}45' \qquad \Theta = 65^\circ\,51{,}96'$$

z	$q = 0{,}12$	Δ	Δ^2	$q = 0{,}13$	Δ	Δ^2	$q = 0{,}14$	Δ	Δ^2	z
-1,0	-0,42503	2195	-26	-0,46200	2399	-35	-0,49935	2608	-42	-1,0
-0,9	-0,40308	2172	-23	-0,43801	2370	-29	-0,47327	2572	-36	-0,9
-0,8	-0,38136	2152	-20	-0,41431	2344	-26	-0,44755	2540	-32	-0,8
-0,7	-0,35984	2136	-16	-0,39087	2323	-21	-0,42215	2512	-28	-0,7
-0,6	-0,33848	2121	-15	-0,36764	2305	-18	-0,39703	2490	-22	-0,6
-0,5	-0,31727	2109	-12	-0,34459	2289	-16	-0,37213	2471	-19	-0,5
-0,4	-0,29618	2100	-9	-0,32170	2278	-11	-0,34742	2456	-15	-0,4
-0,3	-0,27518	2092	-8	-0,29892	2269	-9	-0,32286	2446	-10	-0,3
-0,2	-0,25426	2088	-4	-0,27623	2263	-6	-0,29840	2438	-8	-0,2
-0,1	-0,23338	2086	-2	-0,25360	2260	-3	-0,27402	2435	-3	-0,1
0,0	-0,21252	2086	0	-0,23100	2260	0	-0,24967	2434	-1	0,0
0,1	-0,19166	2088	2	-0,20840	2263	3	-0,22533	2438	4	0,1
0,2	-0,17078	2093	5	-0,18577	2269	6	-0,20095	2446	8	0,2
0,3	-0,14985	2100	7	-0,16308	2278	9	-0,17649	2456	10	0,3
0,4	-0,12885	2109	9	-0,14030	2289	11	-0,15193	2471	15	0,4
0,5	-0,10776	2121	12	-0,11741	2305	16	-0,12722	2490	19	0,5
0,6	-0,08655	2135	14	-0,09436	2323	18	-0,10232	2513	23	0,6
0,7	-0,06520	2153	18	-0,07113	2344	21	-0,07719	2539	26	0,7
0,8	-0,04367	2172	19	-0,04769	2370	26	-0,05180	2572	33	0,8
0,9	-0,02195	2195	23	-0,02399	2399	29	-0,02608	2608	36	0,9
1,0	-0,00000		26	-0,00000		35	-0,00000		42	1,0

$$\Theta = 67^\circ\,55{,}54' \qquad \Theta = 69^\circ\,48{,}57' \qquad \Theta = 71^\circ\,32{,}19'$$

z	q = 0,15	Δ	Δ²	q = 0,16	Δ	Δ²	q = 0,17	Δ	Δ²	z
−1,0	−0,53711	2823	−52	−0,57532	3045	−65	−0,61401	3273	−78	−1,0
−0,9	−0,50888	2778	−45	−0,54487	2988	−57	−0,58128	3204	−69	−0,9
−0,8	−0,48110	2738	−40	−0,51499	2941	−47	−0,54924	3146	−58	−0,8
−0,7	−0,45372	2705	−33	−0,48558	2899	−42	−0,51778	3098	−48	−0,7
−0,6	−0,42667	2677	−28	−0,45659	2866	−33	−0,48680	3056	−42	−0,6
−0,5	−0,39990	2654	−23	−0,42793	2838	−28	−0,45624	3023	−33	−0,5
−0,4	−0,37336	2635	−19	−0,39955	2816	−22	−0,42601	2998	−25	−0,4
−0,3	−0,34701	2623	−12	−0,37139	2800	−16	−0,39603	2978	−20	−0,3
−0,2	−0,32078	2613	−10	−0,34339	2789	−11	−0,36625	2965	−13	−0,2
−0,1	−0,29465	2609	−4	−0,31550	2784	−5	−0,33660	2960	−5	−0,1
0,0	−0,26856	2610	1	−0,28766	2784	0	−0,30700	2959	−1	0,0
0,1	−0,24246	2613	3	−0,25982	2789	5	−0,27741	2965	6	0,1
0,2	−0,21633	2622	9	−0,23193	2800	11	−0,24776	2978	13	0,2
0,3	−0,19011	2636	14	−0,20393	2816	16	−0,21798	2998	20	0,3
0,4	−0,16375	2654	18	−0,17577	2838	22	−0,18800	3023	25	0,4
0,5	−0,13721	2677	23	−0,14739	2866	28	−0,15777	3057	34	0,5
0,6	−0,11044	2705	28	−0,11873	2900	34	−0,12720	3097	40	0,6
0,7	−0,08339	2738	33	−0,08973	2940	40	−0,09623	3146	49	0,7
0,8	−0,05601	2778	40	−0,06033	2988	48	−0,06477	3205	59	0,8
0,9	−0,02823	2823	45	−0,03045	3045	57	−0,03272	3272	67	0,9
1,0	−0,00000		52	−0,00000		65	−0,00000		78	1,0
	Θ = 73° 7,35′			Θ = 74° 34,86′			Θ = 75° 55,42′			

z	q = 0,18	Δ	Δ²	q = 0,19	Δ	Δ²	q = 0,20	Δ	Δ²	z
−1,0	−0,65321	3507	−95	−0,69297	3750	−114	−0,73332	4001	−136	−1,0
−0,9	−0,61814	3426	−81	−0,65547	3653	−97	−0,69331	3886	−115	−0,9
−0,8	−0,58388	3356	−70	−0,61894	3570	−83	−0,65445	3790	−96	−0,8
−0,7	−0,55032	3298	−58	−0,58324	3502	−68	−0,61655	3709	−81	−0,7
−0,6	−0,51734	3250	−48	−0,54822	3445	−57	−0,57946	3642	−67	−0,6
−0,5	−0,48484	3210	−40	−0,51377	3399	−46	−0,54304	3589	−53	−0,5
−0,4	−0,45274	3179	−31	−0,47978	3363	−36	−0,50715	3548	−41	−0,4
−0,3	−0,42095	3157	−22	−0,44615	3336	−27	−0,47167	3517	−31	−0,3
−0,2	−0,38938	3143	−14	−0,41279	3320	−16	−0,43650	3497	−20	−0,2
−0,1	−0,35795	3134	−9	−0,37959	3310	−10	−0,40153	3487	−10	−0,1
0,0	−0,32661	3135	1	−0,34649	3311	1	−0,36666	3487	0	0,0
0,1	−0,29526	3142	7	−0,31338	3319	8	−0,33179	3497	10	0,1
0,2	−0,26384	3157	15	−0,28019	3337	18	−0,29682	3517	20	0,2
0,3	−0,23227	3180	23	−0,24682	3363	26	−0,26165	3548	31	0,3
0,4	−0,20047	3210	30	−0,21319	3399	36	−0,22617	3589	41	0,4
0,5	−0,16837	3250	40	−0,17920	3444	45	−0,19028	3643	54	0,5
0,6	−0,13587	3298	48	−0,14476	3502	58	−0,15385	3709	66	0,6
0,7	−0,10289	3356	58	−0,10974	3571	69	−0,11676	3789	80	0,7
0,8	−0,06933	3426	70	−0,07403	3653	82	−0,07887	3886	97	0,8
0,9	−0,03507	3507	81	−0,03750	3750	97	−0,04001	4001	115	0,9
1,0	−0,00000		95	−0,00000		114	−0,00000		136	1,0
	Θ = 77° 9,63′			Θ = 78° 18,02′			Θ = 79° 21,06′			

z	$q=0,21$	$\varDelta$	$\varDelta^2$	$q=0,22$	$\varDelta$	$\varDelta^2$	$q=0,23$	$\varDelta$	$\varDelta^2$	z
-1,0	-0,77429		-160	-0,81594		-188	-0,85829		-220	-1,0
-0,9	-0,73169	4260	-134	-0,77064	4530	-157	-0,81020	4809	-182	-0,9
-0,8	-0,69043	4126	-112	-0,72691	4373	-130	-0,76394	4626	-150	-0,8
-0,7	-0,65030	4013	-93	-0,68450	4241	-107	-0,71918	4476	-123	-0,7
-0,6	-0,61110	3920	-76	-0,64316	4134	-88	-0,67566	4352	-100	-0,6
-0,5	-0,57268	3842	-61	-0,60270	4046	-70	-0,63315	4251	-80	-0,5
-0,4	-0,53486	3782	-47	-0,56295	3975	-54	-0,59144	4171	-62	-0,4
-0,3	-0,49753	3733	-35	-0,52374	3921	-40	-0,55034	4110	-45	-0,3
-0,2	-0,46054	3699	-22	-0,48494	3880	-26	-0,50970	4064	-29	-0,2
-0,1	-0,42379	3675	-11	-0,44639	3855	-13	-0,46935	4035	-14	-0,1
0,0	-0,38715	3664	0	-0,40797	3842	0	-0,42915	4020	0	0,0
0,1	-0,35051	3664	11	-0,36955	3842	13	-0,38894	4021	14	0,1
0,2	-0,31375	3676	22	-0,33100	3855	26	-0,34859	4035	29	0,2
0,3	-0,27677	3698	35	-0,29219	3881	40	-0,30795	4064	45	0,3
0,4	-0,23943	3734	47	-0,25299	3920	54	-0,26686	4109	62	0,4
0,5	-0,20162	3781	61	-0,21323	3976	70	-0,22514	4172	80	0,5
0,6	-0,16319	3843	76	-0,17278	4045	88	-0,18263	4251	100	0,6
0,7	-0,12400	3919	93	-0,13144	4134	107	-0,13911	4352	123	0,7
0,8	-0,08387	4013	112	-0,08903	4241	130	-0,09436	4475	150	0,8
0,9	-0,04261	4126	134	-0,04530	4373	157	-0,04809	4627	182	0,9
1,0	-0,00000	4261	160	-0,00000	4530	188	-0,00000	4809	220	1,0

$$\Theta = 80°\ 19,17' \qquad \Theta = 81°\ 12,72' \qquad \Theta = 82°\ 2,05'$$

z	$q=0,24$	$\varDelta$	$\varDelta^2$	$q=0,25$	$\varDelta$	$\varDelta^2$	$q=0,26$	$\varDelta$	$\varDelta^2$	z
-1,0	-0,90140		-256	-0,94531		-298	-0,99005		-344	-1,0
-0,9	-0,85041	5099	-210	-0,89130	5401	-240	-0,93292	5713	-274	-0,9
-0,8	-0,80153	4888	-172	-0,83972	5158	-197	-0,87856	5436	-223	-0,8
-0,7	-0,75438	4715	-140	-0,79012	4960	-158	-0,82644	5212	-178	-0,7
-0,6	-0,70864	4574	-113	-0,74212	4800	-129	-0,77613	5031	-144	-0,6
-0,5	-0,66404	4460	-90	-0,69540	4672	-100	-0,72727	4886	-113	-0,5
-0,4	-0,62035	4369	-69	-0,64970	4570	-78	-0,67954	4773	-86	-0,4
-0,3	-0,57735	4300	-50	-0,60479	4491	-56	-0,63268	4686	-62	-0,3
-0,2	-0,53486	4249	-33	-0,56043	4436	-37	-0,58646	4622	-41	-0,2
-0,1	-0,49270	4216	-16	-0,51645	4398	-18	-0,54064	4582	-20	-0,1
0,0	-0,45070	4200	0	-0,47265	4380	0	-0,49503	4561	0	0,0
0,1	-0,40870	4200	16	-0,42885	4380	18	-0,44941	4562	20	0,1
0,2	-0,36654	4216	33	-0,38487	4398	37	-0,40360	4581	41	0,2
0,3	-0,32405	4249	50	-0,34052	4435	56	-0,35737	4623	62	0,3
0,4	-0,28105	4300	69	-0,29560	4492	78	-0,31051	4686	86	0,4
0,5	-0,23736	4369	90	-0,24990	4570	100	-0,26279	4772	113	0,5
0,6	-0,19276	4460	113	-0,20319	4671	129	-0,21392	4887	144	0,6
0,7	-0,14702	4574	140	-0,15518	4801	158	-0,16361	5031	178	0,7
0,8	-0,09987	4715	172	-0,10558	4960	197	-0,11150	5211	223	0,8
0,9	-0,05099	4888	210	-0,05401	5157	240	-0,05714	5436	274	0,9
1,0	-0,00000	5099	256	-0,00000	5401	298	-0,00000	5714	344	1,0

$$\Theta = 82°\ 47,47' \qquad \Theta = 83°\ 29,25' \qquad \Theta = 84°\ 7,65'$$

z	$q = 0{,}27$	Δ	Δ^2	$q = 0{,}28$	Δ	Δ^2	$q = 0{,}29$	Δ	Δ^2	z
−1,0	−1,03570	6040	−394	−1,08228	6380	−453	−1,12986	6734	−518	−1,0
−0,9	−0,97530	5723	−314	−1,01848	6019	−356	−1,06252	6325	−403	−0,9
−0,8	−0,91807	5469	−251	−0,95829	5733	−283	−0,99927	6004	−317	−0,8
−0,7	−0,86338	5267	−201	−0,90096	5506	−225	−0,93923	5752	−251	−0,7
−0,6	−0,81071	5104	−160	−0,84590	5327	−178	−0,88171	5552	−197	−0,6
−0,5	−0,75967	4978	−126	−0,79263	5186	−139	−0,82619	5397	−154	−0,5
−0,4	−0,70989	4882	−96	−0,74077	5080	−106	−0,77222	5279	−116	−0,4
−0,3	−0,66107	4812	−69	−0,68997	5002	−76	−0,71943	5196	−84	−0,3
−0,2	−0,61295	4766	−45	−0,63995	4953	−50	−0,66747	5140	−54	−0,2
−0,1	−0,56529	4744	−22	−0,59042	4928	−24	−0,61607	5114	−26	−0,1
0,0	−0,51785	4744	0	−0,54114	4928	0	−0,56493	5114	0	0,0
0,1	−0,47041	4767	22	−0,49186	4953	24	−0,51379	5140	26	0,1
0,2	−0,42274	4811	45	−0,44233	5002	50	−0,46239	5196	54	0,2
0,3	−0,37463	4882	69	−0,39231	5080	76	−0,41043	5279	84	0,3
0,4	−0,32581	4978	96	−0,34151	5186	106	−0,35764	5397	116	0,4
0,5	−0,27603	5105	126	−0,28965	5327	139	−0,30367	5552	154	0,5
0,6	−0,22498	5266	160	−0,23638	5506	178	−0,24815	5752	197	0,6
0,7	−0,17232	5469	201	−0,18132	5733	225	−0,19063	6004	251	0,7
0,8	−0,11763	5723	251	−0,12399	6019	283	−0,13059	6325	317	0,8
0,9	−0,06040	6040	314	−0,06380	6380	356	−0,06734	6734	403	0,9
1,0	−0,00000		394	−0,00000		453	−0,00000		518	1,0

$$\Theta = 84° \ 42{,}90' \qquad \Theta = 85° \ 15{,}23' \qquad \Theta = 85° \ 44{,}84'$$

z	$q = 0{,}30$	Δ	Δ^2	$q = 0{,}31$	Δ	Δ^2	$q = 0{,}32$	Δ	Δ^2	z
−1,0	−1,17849	7103	−592	−1,22823	7488	−674	−1,27914	7891	−764	−1,0
−0,9	−1,10746	6642	−454	−1,15335	6969	−510	−1,20023	7307	−574	−0,9
−0,8	−1,04104	6282	−355	−1,08366	6568	−396	−1,12716	6861	−439	−0,8
−0,7	−0,97822	6002	−278	−1,01798	6257	−307	−1,05855	6518	−339	−0,7
−0,6	−0,91820	5781	−218	−0,95541	6015	−241	−0,99337	6252	−263	−0,6
−0,5	−0,86039	5611	−169	−0,89526	5827	−184	−0,93085	6048	−202	−0,5
−0,4	−0,80428	5482	−128	−0,83699	5688	−140	−0,87037	5896	−151	−0,4
−0,3	−0,74946	5390	−92	−0,78011	5587	−99	−0,81141	5786	−108	−0,3
−0,2	−0,69556	5330	−59	−0,72424	5522	−65	−0,75355	5716	−70	−0,2
−0,1	−0,64226	5302	−29	−0,66902	5491	−31	−0,69639	5682	−34	−0,1
0,0	−0,58924	5301	0	−0,61411	5490	0	−0,63957	5682	0	0,0
0,1	−0,53623	5330	29	−0,55921	5522	31	−0,58275	5716	34	0,1
0,2	−0,48293	5390	59	−0,50399	5587	65	−0,52559	5787	70	0,2
0,3	−0,42903	5482	92	−0,44812	5688	99	−0,46772	5895	108	0,3
0,4	−0,37421	5611	128	−0,39124	5828	140	−0,40877	6048	151	0,4
0,5	−0,31810	5782	169	−0,33296	6014	184	−0,34829	6252	202	0,5
0,6	−0,26028	6001	218	−0,27282	6257	241	−0,28577	6518	263	0,6
0,7	−0,20027	6283	278	−0,21025	6568	307	−0,22059	6861	339	0,7
0,8	−0,13744	6641	355	−0,14457	6969	396	−0,15198	7307	439	0,8
0,9	−0,07103	7103	454	−0,07488	7488	510	−0,07891	7891	574	0,9
1,0	−0,00000		592	−0,00000		674	−0,00000		764	1,0

$$\Theta = 86° \ 11{,}91' \qquad \Theta = 86° \ 36{,}62' \qquad \Theta = 86° \ 59{,}14'$$

z	$q = 0{,}33$	Δ	Δ^2	$q = 0{,}34$	Δ	Δ^2	$q = 0{,}35$	Δ	Δ^2	z
-1,0	-1,33128	8312	-867	-1,38472	8751	-983	-1,43953	9211	-1110	-1,0
-0,9	-1,24816	7656	-642	-1,29721	8019	-715	-1,34742	8393	-798	-0,9
-0,8	-1,17160	7163	-486	-1,21702	7472	-538	-1,26349	7790	-592	-0,8
-0,7	-1,09997	6784	-373	-1,14230	7057	-408	-1,18559	7336	-447	-0,7
-0,6	-1,03213	6494	-287	-1,07173	6740	-314	-1,11223	6991	-340	-0,6
-0,5	-0,96719	6272	-220	-1,00433	6499	-238	-1,04232	6731	-258	-0,5
-0,4	-0,90447	6106	-164	-0,93934	6321	-178	-0,97501	6538	-190	-0,4
-0,3	-0,84341	5989	-117	-0,87613	6193	-126	-0,90963	6402	-136	-0,3
-0,2	-0,78352	5912	-75	-0,81420	6112	-81	-0,84561	6313	-86	-0,2
-0,1	-0,72440	5876	-37	-0,75308	6072	-39	-0,78248	6271	-42	-0,1
0,0	-0,66564	5876	0	-0,69236	6072	0	-0,71977	6271	0	0,0
0,1	-0,60688	5912	37	-0,63164	6112	39	-0,65706	6314	42	0,1
0,2	-0,54776	5989	75	-0,57052	6193	81	-0,59392	6402	86	0,2
0,3	-0,48787	6106	117	-0,50859	6321	126	-0,52990	6538	136	0,3
0,4	-0,42681	6272	164	-0,44538	6499	178	-0,46452	6730	190	0,4
0,5	-0;36409	6494	220	-0,38039	6740	238	-0,39722	6992	258	0,5
0,6	-0,29915	6784	287	-0,31299	7057	314	-0,32730	7336	340	0,6
0,7	-0,23131	7163	373	-0,24242	7472	408	-0,25394	7789	447	0,7
0,8	-0,15968	7657	486	-0,16770	8019	538	-0,17605	8394	592	0,8
0,9	-0,08311	8311	642	-0,08751	8751	715	-0,09211	9211	798	0,9
1,0	-0,00000		867	-0,00000		983	0,00000		1110	1,0

$$\Theta = 87° \, 19{,}62' \qquad \Theta = 87° \, 38'20, \qquad \Theta = 87° \, 55{,}02'$$

z	$q = 0{,}36$	Δ	Δ^2	$q = 0{,}37$	Δ	Δ^2	$q = 0{,}38$	Δ	Δ^2	z
-1,0	-1,49579	9693	-1254	-1,55357	10197	-1413	-1,61296	10725	-1592	-1,0
-0,9	-1,39886	8781	-887	-1,45160	9183	-985	-1,50571	9599	-1091	-0,9
-0,8	-1,31105	8117	-651	-1,35977	8452	-714	-1,40972	8798	-782	-0,8
-0,7	-1,22988	7621	-487	-1,27525	7913	-530	-1,32174	8212	-575	-0,7
-0,6	-1,15367	7247	-369	-1,19612	7509	-398	-1,23962	7775	-429	-0,6
-0,5	-1,08120	6967	-277	-1,12103	7206	-298	-1,16187	7451	-320	-0,5
-0,4	-1,01153	6759	-206	-1,04897	6984	-220	-1,08736	7214	-235	-0,4
-0,3	-0,94394	6612	-145	-0,97913	6828	-154	-1,01522	7046	-165	-0,3
-0,2	-0,87782	6519	-93	-0,91085	6728	-99	-0,94476	6940	-105	-0,2
-0,1	-0,81263	6474	-45	-0,84357	6678	-48	-0,87536	6888	-51	-0,1
0,0	-0,74789	6473	0	-0,77679	6679	0	-0,80648	6888	0	0,0
0,1	-0,68316	6519	45	-0,71000	6728	48	-0,73760	6940	51	0,1
0,2	-0,61797	6612	93	-0,64272	6827	99	-0,66820	7046	105	0,2
0,3	-0,55185	6759	145	-0,57445	6984	154	-0,59774	7214	165	0,3
0,4	-0,48426	6967	206	-0,50461	7207	220	-0,52560	7451	235	0,4
0,5	-0,41459	7247	277	-0,43254	7509	298	-0,45109	7775	320	0,5
0,6	-0,34212	7621	369	-0,35745	7913	398	-0,37334	8212	429	0,6
0,7	-0,26591	8117	487	-0,27832	8452	530	-0,29122	8798	575	0,7
0,8	-0,18474	8781	651	-0,19380	9183	714	-0,20324	9598	782	0,8
0,9	-0,09693	9693	887	-0,10197	10197	985	-0,10726	10726	1091	0,9
1,0	-0,00000		1254	-0,00000		1413	-0,00000		1592	1,0

$$\Theta = 88° \, 10{,}21' \qquad \Theta = 88° \, 23{,}89' \qquad \Theta = 88° \, 36{,}18'$$

z	q = 0,39	Δ	Δ²	q = 0,40	Δ	Δ²	q = 0,41	Δ	Δ²	z
-1,0	-1,67405	11280	-1793	-1,73693	11861	-2016	-1,80169	12470	-2262	-1,0
-0,9	-1,56125	10029	-1206	-1,61832	10476	-1332	-1,67699	10938	-1472	-0,9
-0,8	-1,46096	9153	-854	-1,51356	9518	-931	-1,56761	9894	-1012	-0,8
-0,7	-1,36943	8518	-623	-1,41838	8831	-672	-1,46867	9153	-725	-0,7
-0,6	-1,28425	8048	-461	-1,33007	8327	-495	-1,37714	8612	-530	-0,6
-0,5	-1,20377	7701	-343	-1,24680	7956	-366	-1,29102	8215	-390	-0,5
-0,4	-1,12676	7447	-250	-1,16724	7685	-267	-1,20887	7930	-283	-0,4
-0,3	-1,05229	7269	-176	-1,09039	7497	-186	-1,12957	7729	-197	-0,3
-0,2	-0,97960	7156	-112	-1,01542	7377	-118	-1,05228	7602	-125	-0,2
-0,1	-0,90804	7102	-54	-0,94165	7319	-58	-0,97626	7541	-61	-0,1
0,0	-0,83702	7101	0	-0,86846	7319	0	-0,90085	7541	0	0,0
0,1	-0,76601	7156	54	-0,79527	7377	58	-0,82544	7603	61	0,1
0,2	-0,69445	7269	112	-0,72150	7496	118	-0,74941	7729	125	0,2
0,3	-0,62176	7447	176	-0,64654	7686	186	-0,67212	7929	197	0,3
0,4	-0,54729	7701	250	-0,56968	7955	267	-0,59283	8216	283	0,4
0,5	-0,47028	8048	343	-0,49013	8327	366	-0,51067	8612	390	0,5
0,6	-0,38980	8518	561	-0,40686	8831	495	-0,42455	9152	530	0,6
0,7	-0,30462	9153	623	-0,31855	9519	672	-0,33303	9895	725	0,7
0,8	-0,21309	10030	854	-0,22336	10476	931	-0,23408	10938	1012	0,8
0,9	-0,11279	11279	1206	-0,11860	11860	1332	-0,12470	12470	1012	0,9
1,0	-0,00000		1793	-0,00000		2016	-0,00000		1472	1,0
									2262	

$$\Theta = 88° 47,18' \qquad \Theta = 88° 57,00' \qquad \Theta = 89° 5,73'$$

z	q = 0,42	Δ	Δ²	q = 0,43	Δ	Δ²	q = 0,44	Δ	Δ²	z
-1,0	-1,86846	13110	-2544	-1,93733	13782	-2854	-2,00844	14489	-3203	-1,0
-0,9	-1,73736	11418	-1617	-1,79951	11914	-1779	-1,86355	12429	-1951	-0,9
-0,8	-1,62318	10281	-1100	-1,68037	10680	-1191	-1,73926	11090	-1290	-0,8
-0,7	-1,52037	9482	-780	-1,57357	9819	-839	-1,62836	10166	-898	-0,7
-0,6	-1,42555	8903	-567	-1,47538	9203	-603	-1,52670	9508	-643	-0,6
-0,5	-1,33652	8483	-414	-1,38335	8755	-440	-1,43162	9035	-466	-0,5
-0,4	-1,25169	8178	-300	-1,29580	8433	-317	-1,34127	8694	-335	-0,4
-0,3	-1,16991	7967	-209	-1,21147	8210	-220	-1,25433	8460	-232	-0,3
-0,2	-1,09024	7833	-134	-1,12937	8069	-139	-1,16973	8311	-146	-0,2
-0,1	-1,01191	7768	-64	-1,04868	8001	-67	-1,08662	8240	-71	-0,1
0,0	-0,93423	7769	0	-0,96867	8002	0	-1,00422	8240	0	0,0
0,1	-0,85654	7833	64	-0,88865	8069	67	-0,92182	8312	71	0,1
0,2	-0,77821	7967	132	-0,80796	8210	139	-0,83870	8459	146	0,2
0,3	-0,69854	8178	209	-0,72586	8433	220	-0,75411	8695	232	0,3
0,4	-0,61676	8482	300	-0,64153	8755	317	-0,66716	9034	335	0,4
0,5	-0,53194	8904	414	-0,55398	9203	440	-0,57682	9509	466	0,5
0,6	-0,44290	9481	567	-0,46195	9819	603	-0,48173	10166	643	0,6
0,7	-0,34809	10281	780	-0,36376	10680	839	-0,38007	11089	898	0,7
0,8	-0,24528	11418	1100	-0,25696	11914	1191	-0,26918	12429	1290	0,8
0,9	-0,13110	13110	1617	-0,13782	13782	1779	-0,14489	14489	1951	0,9
1,0	-0,00000		2544	-0,00000		2854	-0,00000		3203	1,0

$$\Theta = 89° 13,46' \qquad \Theta = 89° 20,29' \qquad \Theta = 89° 26,28'$$

4*

z	q = 0,45	Δ	Δ²	q = 0,46	Δ	Δ²	q = 0,47	Δ	Δ²	z
-1,0	-2,08190	15231	-3592	-2,15787	16013	-4027	-2,23648	16835	-4513	-1,0
-0,9	-1,92959	12963	-2138	-1,99774	13516	-2341	-2,06813	14090	-2559	-0,9
-0,8	-1,79996	11512	-1394	-1,86258	11947	-1503	-1,92723	12395	-1619	-0,8
-0,7	-1,68484	10522	-960	-1,74311	10888	-1020	-1,80328	11264	-1094	-0,7
-0,6	-1,57962	9823	-683	-1,63423	10145	-725	-1,69064	10477	-767	-0,6
-0,5	-1,48139	9321	-493	-1,53278	9615	-520	-1,58587	9917	-548	-0,5
-0,4	-1,38818	8962	-352	-1,43663	9238	-371	-1,48670	9522	-389	-0,4
-0,3	-1,29856	8716	-244	-1,34425	8979	-256	-1,39148	9249	-268	-0,3
-0,2	-1,21140	8560	-153	-1,25446	8816	-161	-1,29899	9079	-168	-0,2
-0,1	-1,12580	8485	-74	-1,16630	8737	-78	-1,20820	8996	-81	-0,1
0,0	-1,04095	8485	0	-1,07893	8737	0	-1,11824	8997	0	0,0
0,1	-0,95610	8560	74	-0,99156	8816	78	-1,02827	9078	81	0,1
0,2	-0,87050	8716	153	-0,90340	8978	161	-0,93749	9250	168	0,2
0,3	-0,78334	8962	244	-0,81362	9238	256	-0,84499	9521	268	0,3
0,4	-0,69372	9321	352	-0,72124	9615	371	-0,74978	9917	389	0,4
0,5	-0,60051	9823	493	-0,62509	10146	520	-0,65061	10477	548	0,5
0,6	-0,50228	10522	683	-0,52363	10888	725	-0,54584	11264	767	0,6
0,7	-0,39706	11512	960	-0,41475	11946	1026	-0,43320	12395	1094	0,7
0,8	-0,28194	12963	1394	-0,29529	13516	1503	-0,30925	14090	1619	0,8
0,9	-0,15231	15231	2138	-0,16013	16013	2341	-0,16835	16835	2559	0,9
1,0	-0,00000		3592	-0,00000		4027	-0,00000		4513	1,0
	Θ = 89° 31,53′			Θ = 89° 36,10′			Θ = 89° 40,06′			

z	q = 0,48	Δ	Δ²	q = 0,49	Δ	Δ²	q = 0,50	Δ	Δ²	z
-1,0	-2,31790	17701	-5056	-2,40230	18613	-5664	-2,48986	19574	-6344	-1,0
-0,9	-2,14089	14685	-2794	-2,21617	15303	-3048	-2,29412	15944	-3320	-0,9
-0,8	-1,99404	12857	-1741	-2,06314	13333	-1868	-2,13468	13825	-2004	-0,8
-0,7	-1,86547	11651	-1164	-1,92981	12050	-1238	-1,99643	12460	-1313	-0,7
-0,6	-1,74896	10818	-812	-1,80931	11168	-857	-1,87183	11530	-903	-0,6
-0,5	-1,64078	10229	-577	-1,69763	10550	-606	-1,75653	10880	-636	-0,5
-0,4	-1,53849	9812	-409	-1,59213	10113	-428	-1,64773	10423	-448	-0,4
-0,3	-1,44037	9528	-280	-1,49100	9815	-293	-1,54350	10113	-306	-0,3
-0,2	-1,34509	9350	-176	-1,39285	9630	-183	-1,44237	9918	-191	-0,2
-0,1	-1,25159	9264	-85	-1,29655	9540	-88	-1,34319	9826	-92	-0,1
0,0	-1,15895	9264	0	-1,20115	9540	0	-1,24493	9825	0	0,0
0,1	-1,06631	9350	85	-1,10575	9630	88	-1,14668	9919	92	0,1
0,2	-0,97281	9528	176	-1,00945	9815	183	-1,04749	10113	191	0,2
0,3	-0,87753	9813	280	-0,91130	10114	293	-0,94636	10423	306	0,3
0,4	-0,77940	10228	409	-0,81016	10549	428	-0,84213	10880	448	0,4
0,5	-0,67712	10818	577	-0,70467	11168	606	-0,73333	11530	636	0,5
0,6	-0,56894	11651	812	-0,59299	12050	857	-0,61803	12460	903	0,6
0,7	-0,45243	12857	1164	-0,47249	13333	1238	-0,49343	13825	1313	0,7
0,8	-0,32386	14685	1741	-0,33916	15303	1868	-0,35518	15944	2004	0,8
0,9	-0,17701	17701	2794	-0,18613	18613	3048	-0,19574	19574	3320	0,9
1,0	-0,00000		5056	-0,00000		5664	-0,00000		6344	1,0
	Θ = 89° 43,47′			Θ = 89° 46,39′			Θ = 89° 48,87′			

Tabelle II
Jacobische elliptische Funktionen

laufend nach q

von $q = 0{,}00$ bis $q = 0{,}50$ in Schritten von $0{,}01$

für die Werte $z = \cos 2x = \cos \frac{\pi}{K} u$ für den Bereich von $z = -1{,}0$ bis $+1{,}0$ in Schritten von $0{,}1$.

Table II
Jacobi's Elliptical Functions

as functions of q

from $q = 0.00$ to $q = 0.50$, in steps of 0.01

for values of $z = \cos 2x = \cos \frac{\pi}{K} u$, when z increase from -1.0 to $+1.0$ in steps of 0.1.

In these tables logarithms to the base 10 are denoted by „lg".

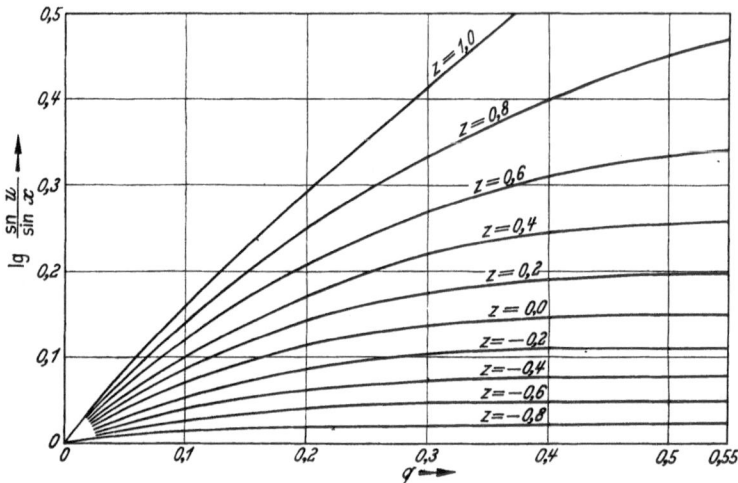

Abb. 4. $\lg \dfrac{\operatorname{sn} u}{\sin x}$ laufend nach q, geordnet nach z Fig. 4. $\lg \dfrac{\operatorname{sn} u}{\sin x}$ as a function of q

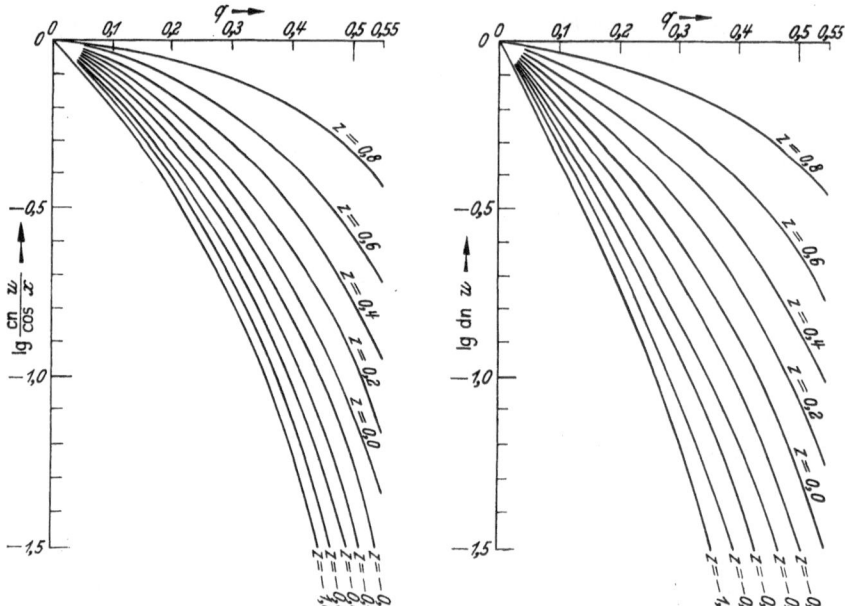

Abb. 5. $\lg \dfrac{\operatorname{cn} u}{\cos x}$ laufend nach q, geordnet nach z Abb. 6. $\lg \operatorname{dn} u$ laufend nach q, geordnet nach z

Fig. 5. $\lg \dfrac{\operatorname{cn} u}{\cos x}$ as a function of q Fig. 6. $\lg \operatorname{dn} u$ as a function of q

q	z=−0,9	Δ	z=−0,8	Δ	z=−0,7	Δ	z=−0,6	Δ	q
0,00	0,00000	84	0,00000	169	0,00000	254	0,00000	338	0,00
01	0,00084	80	0,00169	159	0,00254	240	0,00338	321	01
02	0,00164	75	0,00328	151	0,00494	226	0,00659	304	02
03	0,00239	70	0,00479	141	0,00720	215	0,00963	288	03
04	0,00309	66	0,00620	134	0,00935	201	0,01251	272	04
05	0,00375	62	0,00754	125	0,01136	190	0,01523	256	05
06	0,00437	58	0,00879	118	0,01326	179	0,01779	241	06
07	0,00495	54	0,00997	109	0,01505	167	0,02020	227	07
08	0,00549	51	0,01106	103	0,01672	157	0,02247	213	08
09	0,00600	46	0,01209	96	0,01829	147	0,02460	200	09
0,10	0,00646	44	0,01305	89	0,01976	137	0,02660	187	0,10
11	0,00690	41	0,01394	83	0,02113	128	0,02847	175	11
12	0,00731	37	0,01477	77	0,02241	119	0,03022	163	12
13	0,00768	35	0,01554	72	0,02360	110	0,03185	152	13
14	0,00803	31	0,01626	66	0,02470	102	0,03337	141	14
15	0,00834	30	0,01692	60	0,02572	95	0,03478	131	15
16	0,00864	27	0,01752	56	0,02667	87	0,03609	121	16
17	0,00891	24	0,01808	51	0,02754	80	0,03730	112	17
18	0,00915	23	0,01859	47	0,02834	74	0,03842	103	18
19	0,00938	20	0,01906	43	0,02908	67	0,03945	94	19
0,20	0,00958	18	0,01949	39	0,02975	62	0,04039	87	0,20
21	0,00976	17	0,01988	35	0,03037	56	0,04126	79	21
22	0,00993	15	0,02023	32	0,03093	51	0,04205	72	22
23	0,01008	14	0,02055	29	0,03144	46	0,04277	66	23
24	0,01022	12	0,02084	26	0,03190	41	0,04343	60	24
25	0,01034	11	0,02110	23	0,03231	38	0,04403	54	25
26	0,01045	9	0,02133	21	0,03269	34	0,04457	48	26
27	0,01054	9	0,02154	18	0,03303	30	0,04505	44	27
28	0,01063	7	0,02172	17	0,03333	27	0,04549	39	28
29	0,01070	7	0,02189	14	0,03360	23	0,04588	34	29
0,30	0,01077	5	0,02203	13	0,03383	21	0,04622	31	0,30
31	0,01082	5	0,02216	11	0,03404	19	0,04653	28	31
32	0,01087	5	0,02227	9	0,03423	16	0,04681	24	32
33	0,01092	3	0,02236	9	0,03439	14	0,04705	21	33
34	0,01095	4	0,02245	7	0,03453	12	0,04726	18	34
35	0,01099	2	0,02252	6	0,03465	11	0,04744	16	35
36	0,01101	3	0,02258	5	0,03476	9	0,04760	14	36
37	0,01104	2	0,02263	5	0,03485	8	0,04774	12	37
38	0,01106	1	0,02268	4	0,03493	7	0,04786	11	38
39	0,01107	2	0,02272	3	0,03500	5	0,04797	8	39
0,40	0,01109	1	0,02275	2	0,03505	4	0,04805	8	0,40
41	0,01110	1	0,02277	3	0,03509	4	0,04813	6	41
42	0,01111	0	0,02280	1	0,03513	3	0,04819	5	42
43	0,01111	1	0,02281	2	0,03516	3	0,04824	4	43
44	0,01112	0	0,02283	1	0,03519	2	0,04828	4	44
45	0,01112	1	0,02284	1	0,03521	2	0,04832	3	45
46	0,01113	0	0,02285	1	0,03523	1	0,04835	2	46
47	0,01113	0	0,02286	0	0,03524	2	0,04837	2	47
48	0,01113	0	0,02286	1	0,03526	0	0,04839	2	48
49	0,01113	0	0,02287	0	0,03526	1	0,04841	1	49
0,50	0,01113		0,02287		0,03527		0,04842		0,50

Für $z = -1,0$ ist identisch $\lg \dfrac{\operatorname{sn} u}{\sin x} = 0$. For $z = -1,0$ is identical $\lg \dfrac{\operatorname{sn} u}{\sin x} = 0$

$$\lg \frac{\operatorname{sn} u}{\sin x}$$

q	z=-0,5	Δ	z=-0,4	Δ	z=-0,3	Δ	z=-0,2	Δ	q
0,00	0,00000	424	0,00000	509	0,00000	594	0,00000	680	0,00
01	0,00424	402	0,00509	484	0,00594	567	0,00680	650	01
02	0,00826	382	0,00993	461	0,01161	540	0,01330	620	02
03	0,01208	362	0,01454	437	0,01701	515	0,01950	592	03
04	0,01570	343	0,01891	416	0,02216	489	0,02542	565	04
05	0,01913	324	0,02307	393	0,02705	464	0,03107	537	05
06	0,02237	306	0,02700	372	0,03169	441	0,03644	511	06
07	0,02543	288	0,03072	352	0,03610	417	0,04155	485	07
08	0,02831	272	0,03424	332	0,04027	395	0,04640	460	08
09	0,03103	255	0,03756	313	0,04422	373	0,05100	436	09
0,10	0,03358	239	0,04069	294	0,04795	352	0,05536	412	0,10
11	0,03597	225	0,04363	277	0,05147	332	0,05948	390	11
12	0,03822	210	0,04640	260	0,05479	312	0,06338	368	12
13	0,04032	196	0,04900	243	0,05791	293	0,06706	346	13
14	0,04228	182	0,05143	227	0,06084	275	0,07052	326	14
15	0,04410	170	0,05370	211	0,06359	257	0,07378	306	15
16	0,04580	158	0,05581	198	0,06616	240	0,07684	287	16
17	0,04738	146	0,05779	183	0,06856	224	0,07971	268	17
18	0,04884	135	0,05962	170	0,07080	208	0,08239	251	18
19	0,05019	124	0,06132	158	0,07288	194	0,08490	234	19
0,20	0,05143	115	0,06290	145	0,07482	180	0,08724	217	0,20
21	0,05258	105	0,06435	134	0,07662	166	0,08941	202	21
22	0,05363	96	0,06569	123	0,07828	153	0,09143	188	22
23	0,05459	88	0,06692	113	0,07981	141	0,09331	173	23
24	0,05547	80	0,06805	103	0,08122	130	0,09504	160	24
25	0,05627	72	0,06908	94	0,08252	119	0,09664	147	25
26	0,05699	66	0,07002	86	0,08371	109	0,09811	136	26
27	0,05765	59	0,07088	78	0,08480	99	0,09947	124	27
28	0,05824	54	0,07166	70	0,08579	90	0,10071	113	28
29	0,05878	48	0,07236	63	0,08669	81	0,10184	103	29
0,30	0,05926	42	0,07299	57	0,08750	74	0,10287	94	0,30
31	0,05968	38	0,07356	51	0,08824	67	0,10381	85	31
32	0,06006	34	0,07407	46	0,08891	59	0,10466	77	32
33	0,06040	30	0,07453	40	0,08950	54	0,10543	69	33
34	0,06070	26	0,07493	36	0,09004	47	0,10612	62	34
35	0,06096	23	0,07529	31	0,09051	43	0,10674	56	35
36	0,06119	20	0,07560	28	0,09094	37	0,10730	50	36
37	0,06139	18	0,07588	24	0,09131	33	0,10780	43	37
38	0,06157	15	0,07612	21	0,09164	29	0,10823	39	38
39	0,06172	12	0,07633	19	0,09193	25	0,10862	35	39
0,40	0,06184	11	0,07652	15	0,09218	22	0,10897	29	0,40
41	0,06195	10	0,07667	14	0,09240	19	0,10926	27	41
42	0,06205	8	0,07681	11	0,09259	16	0,10953	22	42
43	0,06213	6	0,07692	10	0,09275	14	0,10975	20	43
44	0,06219	6	0,07702	8	0,09289	12	0,10995	17	44
45	0,06225	4	0,07710	7	0,09301	10	0,11012	14	45
46	0,06229	4	0,07717	6	0,09311	8	0,11026	12	46
47	0,06233	3	0,07723	4	0,09319	7	0,11038	11	47
48	0,06236	3	0,07727	4	0,09326	6	0,11049	8	48
49	0,06239	1	0,07731	3	0,09332	5	0,11057	7	49
0,50	0,06240		0,07734		0,09337		0,11064		0,50

q	z = −0,1	Δ	Δ²	z = 0,0	Δ	Δ²	z = 0,1	Δ	Δ²	q
0,00	0,00000	765	−32	0,00000	851	−34	0,00000	937	−35	0,00
01	0,00765	734	−31	0,00851	818	−33	0,00937	902	−35	01
02	0,01499	702	−32	0,01669	784	−34	0,01839	867	−35	02
03	0,02201	671	−31	0,02453	751	−33	0,02706	833	−34	03
04	0,02872	641	−30	0,03204	719	−32	0,03539	799	−34	04
05	0,03513	612	−29	0,03923	688	−31	0,04338	766	−33	05
06	0,04125	583	−29	0,04611	658	−30	0,05104	734	−32	06
07	0,04708	555	−28	0,05269	627	−31	0,05838	703	−31	07
08	0,05263	528	−27	0,05896	599	−28	0,06541	672	−31	08
09	0,05791	502	−26	0,06495	570	−29	0,07213	642	−30	09
0,10	0,06293	476	−26	0,07065	543	−27	0,07855	613	−29	0,10
11	0,06769	451	−25	0,07608	516	−27	0,08468	584	−29	11
12	0,07220	426	−25	0,08124	489	−27	0,09052	556	−28	12
13	0,07646	404	−22	0,08613	464	−25	0,09608	529	−27	13
14	0,08050	380	−24	0,09077	439	−25	0,10137	503	−26	14
15	0,08430	359	−21	0,09516	416	−23	0,10640	476	−27	15
16	0,08789	337	−22	0,09932	392	−24	0,11116	453	−23	16
17	0,09126	317	−20	0,10324	370	−22	0,11569	427	−26	17
18	0,09443	297	−20	0,10694	348	−22	0,11996	405	−22	18
19	0,09740	278	−19	0,11042	327	−21	0,12401	381	−24	19
0,20	0,10018	260	−18	0,11369	308	−19	0,12782	360	−21	0,20
21	0,10278	242	−18	0,11677	287	−21	0,13142	339	−21	21
22	0,10520	226	−16	0,11964	269	−18	0,13481	318	−21	22
23	0,10746	210	−16	0,12233	251	−18	0,13799	298	−20	23
24	0,10956	194	−16	0,12484	235	−16	0,14097	280	−18	24
25	0,11150	180	−14	0,12719	217	−18	0,14377	261	−19	25
26	0,11330	167	−13	0,12936	202	−15	0,14638	243	−18	26
27	0,11497	153	−14	0,13138	187	−15	0,14881	227	−16	27
28	0,11650	140	−13	0,13325	173	−14	0,15108	211	−16	28
29	0,11790	129	−11	0,13498	160	−13	0,15319	196	−15	29
0,30	0,11919	118	−11	0,13658	146	−14	0,15515	181	−15	0,30
31	0,12037	108	−10	0,13804	135	−11	0,15696	167	−14	31
32	0,12145	97	−11	0,13939	123	−12	0,15863	154	−13	32
33	0,12242	89	−8	0,14062	112	−11	0,16017	141	−13	33
34	0,12331	80	−9	0,14174	102	−10	0,16158	130	−11	34
35	0,12411	72	−8	0,14276	93	−9	0,16288	119	−11	35
36	0,12483	65	−7	0,14369	84	−9	0,16407	108	−11	36
37	0,12548	58	−7	0,14453	75	−9	0,16515	98	−10	37
38	0,12606	51	−7	0,14528	68	−7	0,16613	89	−9	38
39	0,12657	46	−5	0,14596	61	−7	0,16702	80	−9	39
0,40	0,12703	41	−5	0,14657	54	−7	0,16782	72	−8	0,40
41	0,12744	35	−6	0,14711	49	−5	0,16854	65	−7	41
42	0,12779	32	−3	0,14760	42	−7	0,16919	58	−7	42
43	0,12811	27	−5	0,14802	38	−4	0,16977	51	−7	43
44	0,12838	23	−4	0,14840	32	−6	0,17028	45	−6	44
45	0,12861	21	−2	0,14872	29	−3	0,17073	40	−5	45
46	0,12882	17	−4	0,14901	25	−4	0,17113	36	−4	46
47	0,12899	15	−2	0,14926	21	−2	0,17149	30	−6	47
48	0,12914	13	−2	0,14947	19	−4	0,17179	27	−3	48
49	0,12927	10	−3	0,14966	15	−4	0,17206	23	−4	49
0,50	0,12937		−2	0,14981		−3	0,17229		−3	0,50

$$\lg \frac{\operatorname{sn} u}{\sin x}$$

q	$z = 0,2$	Δ	Δ^2	$z = 0,3$	Δ	Δ^2	$z = 0,4$	Δ	Δ^2	q
0,00	0,00000	1024	-36	0,00000	1110	-37	0,00000	1197	-38	0,00
01	0,01024	986	-38	0,01110	1072	-38	0,01197	1158	-39	01
02	0,02010	951	-35	0,02182	1036	-36	0,02355	1121	-37	02
03	0,02961	915	-36	0,03218	999	-37	0,03476	1084	-37	03
04	0,03876	881	-34	0,04217	963	-36	0,04560	1049	-35	04
05	0,04757	846	-35	0,05180	929	-34	0,05609	1012	-37	05
06	0,05603	813	-33	0,06109	894	-35	0,06621	979	-33	06
07	0,06416	781	-32	0,07003	861	-33	0,07600	944	-35	07
08	0,07197	748	-33	0,07864	828	-33	0,08544	910	-34	08
09	0,07945	717	-31	0,08692	795	-33	0,09454	878	-32	09
0,10	0,08662	686	-31	0,09487	764	-31	0,10332	846	-32	0,10
11	0,09348	657	-29	0,10251	733	-31	0,11178	814	-32	11
12	0,10005	627	-30	0,10984	703	-30	0,11992	783	-31	12
13	0,10632	599	-28	0,11687	673	-30	0,12775	753	-30	13
14	0,11231	570	-29	0,12360	645	-28	0,13528	724	-29	14
15	0,11801	544	-26	0,13005	615	-30	0,14252	694	-30	15
16	0,12345	517	-27	0,13620	589	-26	0,14946	666	-28	16
17	0,12862	492	-25	0,14209	561	-28	0,15612	639	-27	17
18	0,13354	466	-26	0,14770	535	-26	0,16251	611	-28	18
19	0,13820	442	-24	0,15305	510	-25	0,16862	585	-26	19
0,20	0,14262	419	-23	0,15815	484	-26	0,17447	559	-26	0,20
21	0,14681	396	-23	0,16299	461	-23	0,18006	533	-26	21
22	0,15077	373	-23	0,16760	437	-24	0,18539	509	-24	22
23	0,15450	352	-21	0,17197	414	-23	0,19048	485	-24	23
24	0,15802	332	-20	0,17611	391	-23	0,19533	461	-24	24
25	0,16134	312	-20	0,18002	370	-21	0,19994	439	-22	25
26	0,16446	292	-20	0,18372	350	-20	0,20433	416	-23	26
27	0,16738	274	-18	0,18722	329	-21	0,20849	395	-21	27
28	0,17012	256	-18	0,19051	309	-20	0,21244	373	-22	28
29	0,17268	239	-17	0,19360	291	-18	0,21617	354	-19	29
0,30	0,17507	222	-17	0,19651	273	-18	0,21971	333	-21	0,30
31	0,17729	207	-15	0,19924	255	-18	0,22304	314	-19	31
32	0,17936	192	-15	0,20179	238	-17	0,22618	296	-18	32
33	0,18128	177	-15	0,20417	222	-16	0,22914	278	-18	33
34	0,18305	164	-13	0,20639	207	-15	0,23192	260	-18	34
35	0,18469	151	-13	0,20846	192	-15	0,23452	244	-16	35
36	0,18620	138	-13	0,21038	177	-15	0,23696	228	-16	36
37	0,18758	127	-11	0,21215	164	-13	0,23924	212	-16	37
38	0,18885	116	-11	0,21379	151	-13	0,24136	197	-15	38
39	0,19001	106	-10	0,21530	139	-12	0,24333	183	-14	39
0,40	0,19107	96	-10	0,21669	127	-12	0,24516	169	-14	0,40
41	0,19203	86	-10	0,21796	116	-11	0,24685	156	-13	41
42	0,19289	79	-7	0,21912	106	-10	0,24841	144	-12	42
43	0,19368	70	-9	0,22018	96	-10	0,24985	131	-13	43
44	0,19438	63	-7	0,22114	87	-9	0,25116	121	-10	44
45	0,19501	56	-7	0,22201	78	-9	0,25237	110	-11	45
46	0,19557	49	-7	0,22279	70	-8	0,25347	99	-11	46
47	0,19606	44	-5	0,22349	63	-7	0,25446	90	-9	47
48	0,19650	38	-6	0,22412	56	-7	0,25536	81	-9	48
49	0,19688	34	-4	0,22468	49	-7	0,25617	73	-8	49
0,50	0,19722		-4	0,22517		-6	0,25690		-7	0,50

q	z = 0,5	Δ	Δ²	z = 0,6	Δ	Δ²	z = 0,7	Δ	Δ²	q
0,00	0,00000	1283	-38	0,00000	1370	-38	0,00000	1458	-37	0,00
01	0,01283	1246	-37	0,01370	1333	-37	0,01458	1420	-38	01
02	0,02529	1207	-39	0,02703	1295	-38	0,02878	1383	-37	02
03	0,03736	1171	-36	0,03998	1258	-37	0,04261	1348	-35	03
04	0,04907	1135	-36	0,05256	1223	-35	0,05609	1313	-35	04
05	0,06042	1099	-36	0,06479	1188	-35	0,06922	1278	-35	05
06	0,07141	1064	-35	0,07667	1153	-35	0,08200	1246	-32	06
07	0,08205	1030	-34	0,08820	1120	-33	0,09446	1212	-34	07
08	0,09235	997	-33	0,09940	1087	-33	0,10658	1181	-31	08
09	0,10232	964	-33	0,11027	1055	-32	0,11839	1150	-31	09
0,10	0,11196	932	-32	0,12082	1022	-33	0,12989	1119	-31	0,10
11	0,12128	901	-31	0,13104	992	-30	0,14108	1089	-30	11
12	0,13029	869	-32	0,14096	962	-30	0,15197	1059	-30	12
13	0,13898	839	-30	0,15058	931	-31	0,16256	1031	-28	13
14	0,14737	809	-30	0,15989	902	-29	0,17287	1003	-28	14
15	0,15546	780	-29	0,16891	873	-29	0,18290	975	-28	15
16	0,16326	752	-28	0,17764	845	-28	0,19265	948	-27	16
17	0,17078	723	-29	0,18609	818	-27	0,20213	922	-26	17
18	0,17801	696	-27	0,19427	790	-28	0,21135	896	-26	18
19	0,18497	669	-27	0,20217	763	-27	0,22031	870	-26	19
0,20	0,19166	642	-27	0,20980	738	-25	0,22901	845	-25	0,20
21	0,19808	617	-25	0,21718	711	-27	0,23746	820	-25	21
22	0,20425	591	-26	0,22429	686	-25	0,24566	796	-24	22
23	0,21016	567	-24	0,23115	662	-24	0,25362	772	-24	23
24	0,21583	542	-25	0,23777	637	-25	0,26134	748	-24	24
25	0,22125	519	-23	0,24414	613	-24	0,26882	726	-22	25
26	0,22644	495	-24	0,25027	590	-23	0,27608	702	-24	26
27	0,23139	473	-22	0,25617	566	-24	0,28310	680	-22	27
28	0,23612	451	-22	0,26183	545	-21	0,28990	659	-21	28
29	0,24063	429	-22	0,26728	521	-24	0,29649	636	-23	29
0,30	0,24492	408	-21	0,27249	500	-21	0,30285	615	-21	0,30
31	0,24900	388	-20	0,27749	479	-21	0,30900	593	-22	31
32	0,25288	367	-21	0,28228	458	-21	0,31493	573	-20	32
33	0,25655	348	-19	0,28686	437	-21	0,32066	552	-21	33
34	0,26003	329	-19	0,29123	417	-20	0,32618	532	-20	34
35	0,26332	310	-19	0,29540	397	-20	0,33150	511	-21	35
36	0,26642	293	-17	0,29937	378	-19	0,33661	492	-19	36
37	0,26935	275	-18	0,30315	358	-20	0,34153	471	-21	37
38	0,27210	258	-17	0,30673	341	-17	0,34624	453	-18	38
39	0,27468	242	-16	0,31014	322	-19	0,35077	433	-20	39
0,40	0,27710	226	-16	0,31336	304	-18	0,35510	414	-19	0,40
41	0,27936	211	-15	0,31640	287	-17	0,35924	395	-19	41
42	0,28147	196	-15	0,31927	269	-18	0,36319	376	-19	42
43	0,28343	181	-15	0,32196	254	-15	0,36695	359	-17	43
44	0,28524	169	-12	0,32450	237	-17	0,37054	340	-19	44
45	0,28693	155	-14	0,32687	222	-15	0,37394	322	-18	45
46	0,28848	142	-13	0,32909	207	-15	0,37716	305	-17	46
47	0,28990	131	-11	0,33116	192	-15	0,38021	288	-17	47
48	0,29121	119	-12	0,33308	178	-14	0,38309	271	-17	48
49	0,29240	108	-11	0,33486	164	-14	0,38580	254	-17	49
0,50	0,29348		-10	0,33650		-13	0,38834		-16	0,50

q	z = 0,8	Δ	Δ²	z = 0,9	Δ	Δ²	z = 1,0	Δ	Δ²	q
0,00	0,00000	1545	−36	0,00000	1632	−35	0,00000	1720	−34	0,00
01	0,01545	1508	−37	0,01632	1598	−34	0,01720	1687	−33	01
02	0,03053	1473	−35	0,03230	1563	−35	0,03407	1651	−33	02
03	0,04526	1438	−35	0,04793	1530	−33	0,05061	1624	−30	03
04	0,05964	1405	−33	0,06323	1499	−31	0,06685	1595	−29	04
05	0,07369	1372	−33	0,07822	1467	−32	0,08280	1566	−29	05
06	0,08741	1340	−32	0,09289	1438	−29	0,09846	1539	−27	06
07	0,10081	1309	−31	0,10727	1410	−28	0,11385	1513	−26	07
08	0,11390	1279	−30	0,12137	1381	−29	0,12898	1488	−25	08
09	0,12669	1249	−30	0,13518	1354	−27	0,14386	1465	−23	09
0,10	0,13918	1221	−28	0,14872	1328	−26	0,15851	1442	−23	0,10
11	0,15139	1192	−29	0,16200	1303	−25	0,17293	1420	−22	11
12	0,16331	1166	−26	0,17503	1278	−25	0,18713	1400	−20	12
13	0,17497	1138	−28	0,18781	1255	−23	0,20113	1381	−19	13
14	0,18635	1112	−26	0,20036	1232	−23	0,21494	1362	−19	14
15	0,19747	1087	−25	0,21268	1209	−23	0,22856	1345	−17	15
16	0,20834	1062	−25	0,22477	1188	−21	0,24201	1328	−17	16
17	0,21896	1038	−24	0,23665	1168	−20	0,25529	1313	−15	17
18	0,22934	1014	−24	0,24833	1147	−21	0,26842	1298	−15	18
19	0,23948	990	−24	0,25980	1128	−19	0,28140	1284	−14	19
0,20	0,24938	968	−22	0,27108	1108	−20	0,29424	1271	−13	0,20
21	0,25906	945	−23	0,28216	1090	−18	0,30695	1260	−11	21
22	0,26851	924	−21	0,29306	1073	−17	0,31955	1248	−12	22
23	0,27775	902	−22	0,30379	1055	−18	0,33203	1238	−10	23
24	0,28677	880	−22	0,31434	1038	−17	0,34441	1229	−9	24
25	0,29557	860	−20	0,32472	1022	−16	0,35670	1220	−9	25
26	0,30417	839	−21	0,33494	1006	−16	0,36890	1212	−8	26
27	0,31256	819	−20	0,34500	991	−15	0,38102	1206	−6	27
28	0,32075	799	−20	0,35491	975	−16	0,39308	1199	−7	28
29	0,32874	779	−20	0,36466	960	−15	0,40507	1194	−5	29
0,30	0,33653	760	−19	0,37426	946	−14	0,41701	1190	−4	0,30
31	0,34413	741	−19	0,38372	932	−14	0,42891	1185	−5	31
32	0,35154	721	−20	0,39304	918	−14	0,44076	1183	−2	32
33	0,35875	703	−18	0,40222	903	−15	0,45259	1180	−3	33
34	0,36578	683	−20	0,41125	890	−13	0,46439	1179	−1	34
35	0,37261	665	−18	0,42015	877	−13	0,47618	1178	−1	35
36	0,37926	647	−18	0,42892	863	−14	0,48796	1178	0	36
37	0,38573	628	−19	0,43755	850	−13	0,49974	1179	1	37
38	0,39201	609	−19	0,44605	837	−13	0,51153	1180	1	38
39	0,39810	591	−18	0,45442	823	−14	0,52333	1182	2	39
0,40	0,40401	572	−19	0,46265	810	−13	0,53515	1186	4	0,40
41	0,40973	555	−17	0,47075	797	−13	0,54701	1189	3	41
42	0,41528	535	−20	0,47872	783	−14	0,55890	1194	5	42
43	0,42063	517	−18	0,48655	769	−14	0,57084	1199	5	43
44	0,42580	499	−18	0,49424	756	−13	0,58283	1204	5	44
45	0,43079	480	−19	0,50180	741	−15	0,59487	1213	9	45
46	0,43559	462	−18	0,50921	728	−13	0,60700	1219	6	46
47	0,44021	443	−19	0,51649	712	−16	0,61919	1228	9	47
48	0,44464	425	−18	0,52361	698	−14	0,63147	1238	10	48
49	0,44889	406	−19	0,53059	682	−16	0,64385	1248	10	49
0,50	0,45295		−18	0,53741		−15	0,65633		10	0,50

q	z = -1,0	Δ	Δ²	z = -0,9	Δ	Δ²	z = -0,8	Δ	Δ²	q
0,00	-0,00000		-35	-0,00000		-36	-0,00000		-37	0,00
		-1755			-1669			-1582		
01	-0,01755		-36	-0,01669		-37	-0,01582		-39	01
		-1791			-1706			-1621		
02	-0,03546		-37	-0,03375		-39	-0,03203		-40	02
		-1828			-1745			-1661		
03	-0,05374		-40	-0,05120		-40	-0,04864		-41	03
		-1868			-1785			-1702		
04	-0,07242		-40	-0,06905		-42	-0,06566		-41	04
		-1908			-1827			-1743		
05	-0,09150		-43	-0,08732		-42	-0,08309		-44	05
		-1951			-1869			-1787		
06	-0,11101		-43	-0,10601		-45	-0,10096		-45	06
		-1994			-1914			-1832		
07	-0,13095		-47	-0,12515		-46	-0,11928		-45	07
		-2041			-1960			-1877		
08	-0,15136		-46	-0,14475		-47	-0,13805		-48	08
		-2087			-2007			-1925		
09	-0,17223		-50	-0,16482		-49	-0,15730		-49	09
		-2137			-2056			-1974		
0,10	-0,19360		-51	-0,18538		-51	-0,17704		-50	0,10
		-2188			-2107			-2024		
11	-0,21548		-54	-0,20645		-53	-0,19728		-53	11
		-2242			-2160			-2077		
12	-0,23790		-55	-0,22805		-55	-0,21805		-53	12
		-2297			-2215			-2130		
13	-0,26087		-57	-0,25020		-56	-0,23935		-55	13
		-2354			-2271			-2185		
14	-0,28441		-60	-0,27291		-58	-0,26120		-58	14
		-2414			-2329			-2243		
15	-0,30855		-62	-0,29620		-61	-0,28363		-59	15
		-2476			-2390			-2302		
16	-0,33331		-65	-0,32010		-63	-0,30665		-61	16
		-2541			-2453			-2363		
17	-0,35872		-67	-0,34463		-65	-0,33028		-63	17
		-2608			-2518			-2426		
18	-0,38480		-69	-0,36981		-68	-0,35454		-66	18
		-2677			-2586			-2492		
19	-0,41157		-74	-0,39567		-70	-0,37946		-68	19
		-2751			-2656			-2560		
0,20	-0,43908		-75	-0,42223		-73	-0,40506		-71	0,20
		-2826			-2729			-2631		
21	-0,46734		-79	-0,44952		-76	-0,43137		-72	21
		-2905			-2805			-2703		
22	-0,49639		-82	-0,47757		-79	-0,45840		-76	22
		-2987			-2884			-2779		
23	-0,52626		-86	-0,50641		-82	-0,48619		-78	23
		-3073			-2966			-2857		
24	-0,55699		-89	-0,53607		-85	-0,51476		-82	24
		-3162			-3051			-2939		
25	-0,58861		-92	-0,56658		-88	-0,54415		-85	25
		-3254			-3139			-3024		
26	-0,62115		-98	-0,59797		-93	-0,57439		-88	26
		-3352			-3232			-3112		
27	-0,65467		-101	-0,63029		-97	-0,60551		-91	27
		-3453			-3329			-3203		
28	-0,68920		-106	-0,66358		-99	-0,63754		-96	28
		-3559			-3428			-3299		
29	-0,72479		-110	-0,69786		-106	-0,67053		-99	29
		-3669			-3534			-3398		
0,30	-0,76148		-115	-0,73320		-108	-0,70451		-104	0,30
		-3784			-3642			-3502		
31	-0,79932		-122	-0,76962		-115	-0,73953		-107	31
		-3906			-3757			-3609		
32	-0,83838		-125	-0,80719		-119	-0,77562		-113	32
		-4031			-3876			-3722		
33	-0,87869		-133	-0,84595		-124	-0,81284		-118	33
		-4164			-4000			-3840		
34	-0,92033		-138	-0,88595		-131	-0,85124		-123	34
		-4302			-4131			-3963		
35	-0,96335		-146	-0,92726		-137	-0,89087		-128	35
		-4448			-4268			-4091		
36	-1,00783		-152	-0,96994		-143	-0,93178		-135	36
		-4600			-4411			-4226		
37	-1,05383		-161	-1,01405		-149	-0,97404		-141	37
		-4761			-4560			-4367		
38	-1,10144		-167	-1,05965		-159	-1,01771		-148	38
		-4928			-4719			-4515		
39	-1,15072		-177	-1,10684		-164	-1,06286		-154	39
		-5105			-4883			-4669		
0,40	-1,20177		-187	-1,15567		-174	-1,10955		-163	0,40
		-5292			-5057			-4832		
41	-1,25469		-195	-1,20624		-183	-1,15787		-172	41
		-5487			-5240			-5004		
42	-1,30956		-206	-1,25864		-192	-1,20791		-178	42
		-5693			-5432			-5182		
43	-1,36649		-219	-1,31296		-203	-1,25973		-190	43
		-5912			-5635			-5372		
44	-1,42561		-229	-1,36931		-213	-1,31345		-200	44
		-6141			-5848			-5572		
45	-1,48702		-244	-1,42779		-225	-1,36917		-209	45
		-6385			-6073			-5781		
46	-1,55087		-256	-1,48852		-239	-1,42698		-223	46
		-6641			-6312			-6004		
47	-1,61728		-273	-1,55164		-252	-1,48702		-23	47
		-6914			-6564			-6237		
48	-1,68642		-289	-1,61728		-266	-1,54939		-249	48
		-7203			-6830			-6486		
49	-1,75845		-306	-1,68558		-283	-1,61425		-262	49
		-7509			-7113			-6748		
0,50	-1,83354		-322	-1,75671		-298	-1,68173		-276	0,50

$$\lg \frac{\operatorname{cn} u}{\cos x}$$

q	z = -0,7	Δ	Δ²	z = -0,6	Δ	Δ²	z = -0,5	Δ	Δ²	q
0,00	-0,00000			-0,00000			-0,00000			0,00
		-1496	-39		-1409	-40		-1323	-40	
01	-0,01496			-0,01409			-0,01323			01
		-1535	-39		-1449	-40		-1362	-39	
02	-0,03031			-0,02858			-0,02685			02
		-1576	-41		-1490	-41		-1403	-41	
03	-0,04607			-0,04348			-0,04088			03
		-1617	-41		-1532	-42		-1445	-42	
04	-0,06224			-0,05880			-0,05533			04
		-1659	-42		-1574	-42		-1487	-42	
05	-0,07883			-0,07454			-0,07020			05
		-1703	-44		-1617	-43		-1530	-43	
06	-0,09586			-0,09071			-0,08550			06
		-1748	-45		-1662	-45		-1575	-45	
07	-0,11334			-0,10733			-0,10125			07
		-1794	-46		-1708	-46		-1620	-45	
08	-0,13128			-0,12441			-0,11745			08
		-1840	-46		-1754	-46		-1666	-46	
09	-0,14968			-0,14195			-0,13411			09
		-1890	-50		-1803	-49		-1714	-48	
0,10	-0,16858			-0,15998			-0,15125			0,10
		-1939	-49		-1852	-49		-1762	-48	
11	-0,18797			-0,17850			-0,16887			11
		-1990	-51		-1902	-50		-1812	-50	
12	-0,20787			-0,19752			-0,18699			12
		-2043	-53		-1954	-52		-1862	-50	
13	-0,22830			-0,21706			-0,20561			13
		-2098	-55		-2008	-54		-1915	-53	
14	-0,24928			-0,23714			-0,22476			14
		-2154	-56		-2062	-54		-1968	-53	
15	-0,27082			-0,25776			-0,24444			15
		-2211	-57		-2119	-57		-2023	-55	
16	-0,29293			-0,27895			-0,26467			16
		-2271	-60		-2176	-57		-2079	-56	
17	-0,31564			-0,30071			-0,28546			17
		-2333	-62		-2236	-60		-2138	-59	
18	-0,33897			-0,32307			-0,30684			18
		-2396	-63		-2298	-62		-2196	-58	
19	-0,36293			-0,34605			-0,32880			19
		-2462	-66		-2361	-63		-2258	-62	
0,20	-0,38755			-0,36966			-0,35138			0,20
		-2529	-67		-2427	-66		-2321	-63	
21	-0,41284			-0,39393			-0,37459			21
		-2600	-71		-2494	-67		-2387	-66	
22	-0,43884			-0,41887			-0,39846			22
		-2673	-73		-2564	-70		-2453	-66	
23	-0,46557			-0,44451			-0,42299			23
		-2747	-74		-2636	-72		-2522	-69	
24	-0,49304			-0,47087			-0,44821			24
		-2826	-79		-2711	-75		-2594	-72	
25	-0,52130			-0,49798			-0,47415			25
		-2907	-81		-2788	-77		-2668	-74	
26	-0,55037			-0,52586			-0,50083			26
		-2990	-83		-2869	-81		-2744	-76	
27	-0,58027			-0,55455			-0,52827			27
		-3078	-88		-2951	-82		-2824	-80	
28	-0,61105			-0,58406			-0,55651			28
		-3169	-91		-3038	-87		-2905	-81	
29	-0,64274			-0,61444			-0,58556			29
		-3263	-94		-3127	-89		-2991	-86	
0,30	-0,67537			-0,64571			-0,61547			0,30
		-3361	-98		-3220	-93		-3079	-88	
31	-0,70898			-0,67791			-0,64626			31
		-3463	-102		-3318	-98		-3171	-92	
32	-0,74361			-0,71109			-0,67797			32
		-3570	-107		-3418	-100		-3267	-96	
33	-0,77931			-0,74527			-0,71064			33
		-3681	-111		-3523	-105		-3366	-99	
34	-0,81612			-0,78050			-0,74430			34
		-3797	-116		-3633	-110		-3470	-104	
35	-0,85409			-0,81683			-0,77900			35
		-3918	-121		-3747	-114		-3578	-108	
36	-0,89327			-0,85430			-0,81478			36
		-4045	-127		-3867	-120		-3690	-112	
37	-0,93372			-0,89297			-0,85168			37
		-4178	-133		-3992	-125		-3809	-119	
38	-0,97550			-0,93289			-0,88977			38
		-4316	-138		-4123	-131		-3932	-123	
39	-1,01866			-0,97412			-0,92909			39
		-4462	-146		-4259	-136		-4061	-129	
0,40	-1,06328			-1,01671			-0,96970			0,40
		-4615	-153		-4404	-145		-4197	-136	
41	-1,10943			-1,06075			-1,01167			41
		-4775	-160		-4554	-150		-4338	-141	
42	-1,15718			-1,10629			-1,05505			42
		-4944	-169		-4712	-158		-4488	-150	
43	-1,20662			-1,15341			-1,09993			43
		-5121	-177		-4879	-167		-4644	-156	
44	-1,25783			-1,20220			-1,14637			44
		-5307	-186		-5055	-176		-4810	-166	
45	-1,31090			-1,25275			-1,19447			45
		-5505	-198		-5239	-184		-4983	-173	
46	-1,36595			-1,30514			-1,24430			46
		-5712	-207		-5434	-195		-5167	-184	
47	-1,42307			-1,35948			-1,29597			47
		-5931	-219		-5640	-206		-5360	-193	
48	-1,48238			-1,41588			-1,34957			48
		-6163	-232		-5858	-218		-5565	-205	
49	-1,54401			-1,47446			-1,40522			49
		-6409	-246		-6087	-229		-5782	-217	
0,50	-1,60810		-261	-1,53533		-240	-1,46304		-230	0,50

q	$z = -0,4$	Δ	Δ²	$z = -0,3$	Δ	Δ²	$z = -0,2$	Δ	Δ²	q
0,00	-0,00000		-40	-0,00000		-40	-0,00000		-39	0,00
01	-0,01236	-1236	-39	-0,01148	-1148	-40	-0,01061	-1061	-39	01
02	-0,02511	-1275	-41	-0,02336	-1188	-40	-0,02161	-1100	-38	02
03	-0,03827	-1316	-40	-0,03564	-1228	-40	-0,03299	-1138	-40	03
04	-0,05183	-1356	-43	-0,04832	-1268	-41	-0,04477	-1178	-40	04
05	-0,06582	-1399	-43	-0,06141	-1309	-42	-0,05695	-1218	-42	05
06	-0,08024	-1442	-44	-0,07492	-1351	-44	-0,06955	-1260	-41	06
07	-0,09510	-1486	-44	-0,08887	-1395	-43	-0,08256	-1301	-44	07
08	-0,11040	-1530	-46	-0,10325	-1438	-45	-0,09601	-1345	-42	08
09	-0,12616	-1576	-46	-0,11808	-1483	-46	-0,10988	-1387	-45	09
0,10	-0,14238	-1622	-48	-0,13337	-1529	-46	-0,12420	-1432	-46	0,10
11	-0,15908	-1670	-48	-0,14912	-1575	-47	-0,13898	-1478	-45	11
12	-0,17626	-1718	-51	-0,16534	-1622	-49	-0,15421	-1523	-47	12
13	-0,19395	-1769	-50	-0,18205	-1671	-49	-0,16991	-1570	-49	13
14	-0,21214	-1819	-52	-0,19925	-1720	-51	-0,18610	-1619	-48	14
15	-0,23085	-1871	-53	-0,21696	-1771	-52	-0,20277	-1667	-50	15
16	-0,25009	-1924	-55	-0,23519	-1823	-52	-0,21994	-1717	-52	16
17	-0,26988	-1979	-56	-0,25394	-1875	-55	-0,23763	-1769	-52	17
18	-0,29023	-2035	-58	-0,27324	-1930	-56	-0,25584	-1821	-53	18
19	-0,31116	-2093	-59	-0,29310	-1986	-56	-0,27458	-1874	-56	19
0,20	-0,33268	-2152	-61	-0,31352	-2042	-59	-0,29388	-1930	-56	0,20
21	-0,35481	-2213	-62	-0,33453	-2101	-61	-0,31374	-1986	-57	21
22	-0,37756	-2275	-65	-0,35615	-2162	-61	-0,33417	-2043	-60	22
23	-0,40096	-2340	-66	-0,37838	-2223	-63	-0,35520	-2103	-60	23
24	-0,42502	-2406	-68	-0,40124	-2286	-66	-0,37683	-2163	-63	24
25	-0,44976	-2474	-71	-0,42476	-2352	-68	-0,39909	-2226	-65	25
26	-0,47521	-2545	-74	-0,44896	-2420	-69	-0,42200	-2291	-66	26
27	-0,50140	-2619	-74	-0,47385	-2489	-73	-0,44557	-2357	-69	27
28	-0,52833	-2693	-79	-0,49947	-2562	-73	-0,46983	-2426	-71	28
29	-0,55605	-2772	-81	-0,52582	-2635	-78	-0,49480	-2497	-72	29
0,30	-0,58458	-2853	-84	-0,55295	-2713	-79	-0,52049	-2569	-77	0,30
31	-0,61395	-2937	-87	-0,58087	-2792	-84	-0,54695	-2646	-78	31
32	-0,64419	-3024	-90	-0,60963	-2876	-85	-0,57419	-2724	-82	32
33	-0,67533	-3114	-95	-0,63924	-2961	-89	-0,60225	-2806	-84	33
34	-0,70742	-3209	-97	-0,66974	-3050	-93	-0,63115	-2890	-88	34
35	-0,74048	-3306	-103	-0,70117	-3143	-97	-0,66093	-2978	-91	35
36	-0,77457	-3409	-107	-0,73357	-3240	-101	-0,69162	-3069	-96	36
37	-0,80973	-3516	-111	-0,76698	-3341	-104	-0,72327	-3165	-99	37
38	-0,84600	-3627	-116	-0,80143	-3445	-111	-0,75591	-3264	-104	38
39	-0,88343	-3743	-123	-0,83699	-3556	-115	-0,78959	-3368	-108	39
0,40	-0,92209	-3866	-127	-0,87370	-3671	-120	-0,82435	-3476	-115	0,40
41	-0,96202	-3993	-133	-0,91161	-3791	-127	-0,86026	-3591	-118	41
42	-1,00328	-4126	-142	-0,95079	-3918	-132	-0,89735	-3709	-125	42
43	-1,04596	-4268	-147	-0,99129	-4050	-140	-0,93569	-3834	-132	43
44	-1,09011	-4415	-156	-1,03319	-4190	-146	-0,97535	-3966	-139	44
45	-1,13582	-4571	-163	-1,07655	-4336	-154	-1,01640	-4105	-144	45
46	-1,18316	-4734	-173	-1,12145	-4490	-164	-1,05889	-4249	-155	46
47	-1,23223	-4907	-183	-1,16799	-4654	-172	-1,10293	-4404	-162	47
48	-1,28313	-5090	-193	-1,21625	-4826	-181	-1,14859	-4566	-171	48
49	-1,33596	-5283	-204	-1,26632	-5007	-194	-1,19596	-4737	-182	49
0,50	-1.39083	-5487	-215	-1,31833	-5201	-205	-1,24515	-4919	-192	0,50

$$\lg \frac{\operatorname{cn} u}{\cos x}$$

q	z = -0,1	Δ	Δ²	z = 0,0	Δ	Δ²	z = 0,1	Δ	Δ²	q
0,00	-0,00000		-38	-0,00000		-36	-0,00000		-34	0,00
01	-0,00974	-974	-36	-0,00886	-886	-36	-0,00798	-798	-34	01
02	-0,01984	-1010	-39	-0,01808	-922	-35	-0,01630	-832	-34	02
03	-0,03033	-1049	-38	-0,02765	-957	-38	-0,02496	-866	-35	03
04	-0,04120	-1087	-39	-0,03760	-995	-37	-0,03397	-901	-36	04
05	-0,05246	-1126	-40	-0,04792	-1032	-38	-0,04334	-937	-35	05
06	-0,06412	-1166	-40	-0,05862	-1070	-39	-0,05306	-972	-38	06
07	-0,07618	-1206	-42	-0,06971	-1109	-40	-0,06316	-1010	-38	07
08	-0,08866	-1248	-42	-0,08120	-1149	-41	-0,07364	-1048	-38	08
09	-0,10156	-1290	-42	-0,09310	-1190	-40	-0,08450	-1086	-39	09
0,10	-0,11488	-1332	-45	-0,10540	-1230	-43	-0,09575	-1125	-40	0,10
11	-0,12865	-1377	-44	-0,11813	-1273	-42	-0,10740	-1165	-41	11
12	-0,14286	-1421	-45	-0,13128	-1315	-44	-0,11946	-1206	-42	12
13	-0,15752	-1466	-47	-0,14487	-1359	-44	-0,13194	-1248	-41	13
14	-0,17265	-1513	-47	-0,15890	-1403	-46	-0,14483	-1289	-44	14
15	-0,18825	-1560	-49	-0,17339	-1449	-46	-0,15816	-1333	-44	15
16	-0,20434	-1609	-48	-0,18834	-1495	-47	-0,17193	-1377	-45	16
17	-0,22091	-1657	-51	-0,20376	-1542	-49	-0,18615	-1422	-46	17
18	-0,23799	-1708	-52	-0,21967	-1591	-48	-0,20083	-1468	-47	18
19	-0,25559	-1760	-52	-0,23606	-1639	-52	-0,21598	-1515	-48	19
0,20	-0,27371	-1812	-54	-0,25297	-1691	-50	-0,23161	-1563	-49	0,20
21	-0,29237	-1866	-55	-0,27038	-1741	-54	-0,24773	-1612	-50	21
22	-0,31158	-1921	-57	-0,28833	-1795	-53	-0,26435	-1662	-51	22
23	-0,33136	-1978	-59	-0,30681	-1848	-57	-0,28148	-1713	-53	23
24	-0,35173	-2037	-59	-0,32586	-1905	-56	-0,29914	-1766	-55	24
25	-0,37269	-2096	-61	-0,34547	-1961	-59	-0,31735	-1821	-55	25
26	-0,39426	-2157	-64	-0,36567	-2020	-60	-0,33611	-1876	-57	26
27	-0,41647	-2221	-66	-0,38647	-2080	-62	-0,35544	-1933	-59	27
28	-0,43934	-2287	-67	-0,40789	-2142	-64	-0,37536	-1992	-61	28
29	-0,46288	-2354	-69	-0,42995	-2206	-66	-0,39589	-2053	-62	29
0,30	-0,48711	-2423	-72	-0,45267	-2272	-68	-0,41704	-2115	-65	0,30
31	-0,51206	-2495	-75	-0,47607	-2340	-71	-0,43884	-2180	-66	31
32	-0,53776	-2570	-77	-0,50018	-2411	-73	-0,46130	-2246	-70	32
33	-0,56423	-2647	-79	-0,52502	-2484	-76	-0,48446	-2316	-71	33
34	-0,59149	-2726	-85	-0,55062	-2560	-78	-0,50833	-2387	-74	34
35	-0,61960	-2811	-85	-0,57700	-2638	-83	-0,53294	-2461	-78	35
36	-0,64856	-2896	-91	-0,60421	-2721	-84	-0,55833	-2539	-79	36
37	-0,67843	-2987	-93	-0,63226	-2805	-89	-0,58451	-2618	-85	37
38	-0,70923	-3080	-99	-0,66120	-2894	-92	-0,61154	-2703	-87	38
39	-0,74102	-3179	-102	-0,69106	-2986	-97	-0,63944	-2790	-90	39
0,40	-0,77383	-3281	-108	-0,72189	-3083	-101	-0,66824	-2880	-96	0,40
41	-0,80772	-3389	-111	-0,75373	-3184	-106	-0,69800	-2976	-99	41
42	-0,84272	-3500	-119	-0,78663	-3290	-111	-0,72875	-3075	-105	42
43	-0,87891	-3619	-124	-0,82064	-3401	-117	-0,76055	-3180	-109	43
44	-0,91634	-3743	-130	-0,85582	-3518	-123	-0,79344	-3289	-116	44
45	-0,95507	-3873	-137	-0,89223	-3641	-128	-0,82749	-3405	-120	45
46	-0,99517	-4010	-145	-0,92992	-3769	-137	-0,86274	-3525	-129	46
47	-1,03672	-4155	-153	-0,96898	-3906	-144	-0,89928	-3654	-135	47
48	-1,07980	-4308	-161	-1,00948	-4050	-151	-0,93717	-3789	-142	48
49	-1,12449	-4469	-172	-1,05149	-4201	-162	-0,97648	-3931	-151	49
0,50	-1,17090	-4641	-181	-1,09512	-4363	-169	-1,01730	-4082	-160	0,50

q	z = 0,2	Δ	Δ²	z = 0,3	Δ	Δ²	z = 0,4	Δ	Δ²	q
0,00	-0,00000	-710	-32	-0,00000	-622	-29	-0,00000	-534	-26	0,00
01	-0,00710	-742	-32	-0,00622	-651	-29	-0,00534	-559	-25	01
02	-0,01452	-773	-31	-0,01273	-680	-29	-0,01093	-586	-27	02
03	-0,02225	-806	-33	-0,01953	-710	-30	-0,01679	-613	-27	03
04	-0,03031	-840	-34	-0,02663	-741	-31	-0,02292	-640	-27	04
05	-0,03871	-873	-33	-0,03404	-772	-31	-0,02932	-669	-29	05
06	-0,04744	-909	-36	-0,04176	-804	-32	-0,03601	-697	-28	06
07	-0,05653	-943	-34	-0,04980	-837	-33	-0,04298	-728	-31	07
08	-0,06596	-980	-37	-0,05817	-870	-33	-0,05026	-757	-29	08
09	-0,07576	-1017	-37	-0,06687	-905	-35	-0,05783	-789	-32	09
0,10	-0,08593	-1054	-37	-0,07592	-939	-34	-0,06572	-820	-31	0,10
11	-0,09647	-1092	-38	-0,08531	-975	-36	-0,07392	-853	-33	11
12	-0,10739	-1132	-40	-0,09506	-1011	-36	-0,08245	-886	-33	12
13	-0,11871	-1172	-40	-0,10517	-1049	-38	-0,09131	-919	-33	13
14	-0,13043	-1212	-40	-0,11566	-1086	-37	-0,10050	-955	-36	14
15	-0,14255	-1254	-42	-0,12652	-1125	-39	-0,11005	-990	-35	15
16	-0,15509	-1296	-42	-0,13777	-1165	-40	-0,11995	-1026	-36	16
17	-0,16805	-1340	-44	-0,14942	-1205	-40	-0,13021	-1064	-38	17
18	-0,18145	-1384	-44	-0,16147	-1247	-42	-0,14085	-1102	-38	18
19	-0,19529	-1429	-45	-0,17394	-1289	-42	-0,15187	-1140	-38	19
0,20	-0,20958	-1476	-47	-0,18683	-1332	-43	-0,16327	-1181	-41	0,20
21	-0,22434	-1523	-47	-0,20015	-1377	-45	-0,17508	-1222	-41	21
22	-0,23957	-1572	-49	-0,21392	-1422	-45	-0,18730	-1264	-42	22
23	-0,25529	-1621	-49	-0,22814	-1469	-47	-0,19994	-1307	-43	23
24	-0,27150	-1673	-52	-0,24283	-1517	-48	-0,21301	-1351	-44	24
25	-0,28823	-1725	-52	-0,25800	-1566	-49	-0,22652	-1397	-46	25
26	-0,30548	-1780	-55	-0,27366	-1617	-51	-0,24049	-1444	-47	26
27	-0,32328	-1834	-54	-0,28983	-1669	-52	-0,25493	-1492	-48	27
28	-0,34162	-1892	-58	-0,30652	-1722	-53	-0,26985	-1543	-51	28
29	-0,36054	-1952	-60	-0,32374	-1778	-56	-0,28528	-1593	-50	29
0,30	-0,38006	-2012	-60	-0,34152	-1835	-57	-0,30121	-1647	-54	0,30
31	-0,40018	-2074	-62	-0,35987	-1895	-60	-0,31768	-1702	-55	31
32	-0,42092	-2140	-66	-0,37882	-1955	-60	-0,33470	-1758	-56	32
33	-0,44232	-2208	-68	-0,39837	-2018	-63	-0,35228	-1817	-59	33
34	-0,46440	-2277	-69	-0,41855	-2084	-66	-0,37045	-1879	-62	34
35	-0,48717	-2350	-73	-0,43939	-2152	-68	-0,38924	-1941	-62	35
36	-0,41067	-2426	-76	-0,46091	-2223	-71	-0,40865	-2007	-66	36
37	-0,53493	-2504	-78	-0,48314	-2296	-73	-0,42872	-2076	-69	37
38	-0,55997	-2586	-82	-0,50610	-2373	-77	-0,44948	-2147	-71	38
39	-0,58583	-2671	-85	-0,52983	-2453	-80	-0,47095	-2221	-74	39
0,40	-0,61254	-2761	-90	-0,55436	-2536	-83	-0,49316	-2299	-78	0,40
41	-0,64015	-2854	-93	-0,57972	-2624	-88	-0,51615	-2380	-81	41
42	-0,66869	-2952	-98	-0,60596	-2715	-91	-0,53995	-2465	-85	42
43	-0,69821	-3054	-102	-0,63311	-2811	-96	-0,56460	-2554	-89	43
44	-0,72875	-3163	-109	-0,66122	-2911	-100	-0,59014	-2647	-93	44
45	-0,76038	-3276	-113	-0,69033	-3018	-107	-0,61661	-2746	-99	45
46	-0,79314	-3396	-120	-0,72051	-3129	-111	-0,64407	-2849	-103	46
47	-0,82710	-3523	-127	-0,75180	-3247	-118	-0,67256	-2957	-108	47
48	-0,86233	-3655	-132	-0,78427	-3371	-124	-0,70213	-3072	-115	48
49	-0,89888	-3797	-142	-0,81798	-3502	-131	-0,73285	-3194	-122	49
0,50	-0,93685		-150	-0,85300		-138	-0,76479		-129	0,50

$$\lg \frac{cn\,u}{\cos x}$$

q	z = 0,5	Δ	Δ²	z = 0,6	Δ	Δ²	z = 0,7	Δ	Δ²	q
0,00	-0,00000	-445	-22	-0,00000	-357	-18	-0,00000	-268	-14	0,00
01	-0,00445	-468	-23	-0,00357	-375	-18	-0,00268	-282	-14	01
02	-0,00913	-490	-22	-0,00732	-394	-19	-0,00550	-297	-15	02
03	-0,01403	-514	-24	-0,01126	-414	-20	-0,00847	-313	-16	03
04	-0,01917	-539	-25	-0,01540	-435	-21	-0,01160	-328	-15	04
05	-0,02456	-563	-24	-0,01975	-455	-20	-0,01488	-346	-18	05
06	-0,03019	-588	-25	-0,02430	-476	-21	-0,01834	-362	-16	06
07	-0,03607	-615	-27	-0,02906	-499	-23	-0,02196	-379	-17	07
08	-0,04222	-641	-26	-0,03405	-521	-22	-0,02575	-398	-19	08
09	-0,04863	-669	-28	-0,03926	-545	-24	-0,02973	-416	-18	09
0,10	-0,05532	-697	-28	-0,04471	-569	-24	-0,03389	-435	-19	0,10
11	-0,06229	-725	-28	-0,05040	-593	-24	-0,03824	-455	-20	11
12	-0,06954	-755	-30	-0,05633	-618	-25	-0,04279	-475	-20	12
13	-0,07709	-786	-31	-0,06251	-644	-26	-0,04754	-496	-21	13
14	-0,08495	-816	-30	-0,06895	-671	-27	-0,05250	-517	-21	14
15	-0,09311	-848	-32	-0,07566	-698	-27	-0,05767	-540	-23	15
16	-0,10159	-880	-32	-0,08264	-726	-28	-0,06307	-562	-22	16
17	-0,11039	-914	-34	-0,08990	-756	-30	-0,06869	-586	-24	17
18	-0,11953	-948	-34	-0,09746	-785	-29	-0,07455	-611	-25	18
19	-0,12901	-984	-36	-0,10531	-815	-30	-0,08066	-635	-24	19
0,20	-0,13885	-1019	-35	-0,11346	-847	-32	-0,08701	-662	-27	0,20
21	-0,14904	-1057	-38	-0,12193	-880	-33	-0,09363	-688	-26	21
22	-0,15961	-1095	-38	-0,13073	-913	-33	-0,10051	-716	-28	22
23	-0,17056	-1133	-38	-0,13986	-947	-34	-0,10767	-745	-29	23
24	-0,18189	-1175	-42	-0,14933	-983	-36	-0,11512	-775	-30	24
25	-0,19364	-1215	-40	-0,15916	-1020	-37	-0,12287	-805	-30	25
26	-0,20579	-1259	-44	-0,16936	-1057	-37	-0,13092	-837	-32	26
27	-0,21838	-1303	-44	-0,17993	-1097	-40	-0,13929	-870	-33	27
28	-0,23141	-1348	-45	-0,19090	-1137	-40	-0,14799	-905	-35	28
29	-0,24489	-1395	-47	-0,20227	-1179	-42	-0,15704	-940	-35	29
0,30	-0,25884	-1444	-49	-0,21406	-1223	-44	-0,16644	-977	-37	0,30
31	-0,27328	-1494	-50	-0,22629	-1267	-44	-0,17621	-1015	-38	31
32	-0,28822	-1547	-53	-0,23896	-1314	-47	-0,18636	-1056	-41	32
33	-0,30369	-1600	-53	-0,25210	-1363	-49	-0,19692	-1097	-41	33
34	-0,31969	-1656	-56	-0,26573	-1413	-50	-0,20789	-1140	-43	34
35	-0,33625	-1715	-59	-0,27986	-1465	-52	-0,21929	-1186	-46	35
36	-0,35340	-1775	-60	-0,29451	-1520	-55	-0,23115	-1233	-47	36
37	-0,37115	-1838	-63	-0,30971	-1576	-56	-0,24348	-1282	-49	37
38	-0,38953	-1903	-65	-0,32547	-1636	-60	-0,25630	-1333	-51	38
39	-0,40856	-1972	-69	-0,34183	-1697	-61	-0,26963	-1387	-54	39
0,40	-0,42828	-2043	-71	-0,35880	-1762	-65	-0,28350	-1443	-56	0,40
41	-0,44871	-2118	-75	-0,37642	-1829	-67	-0,29793	-1503	-60	41
42	-0,46989	-2196	-78	-0,39471	-1900	-71	-0,31296	-1563	-60	42
43	-0,49185	-2278	-82	-0,41371	-1974	-74	-0,32859	-1629	-66	43
44	-0,51463	-2363	-85	-0,43345	-2051	-77	-0,34488	-1697	-68	44
45	-0,53826	-2454	-91	-0,45396	-2133	-82	-0,36185	-1767	-70	45
46	-0,56280	-2548	-94	-0,47529	-2218	-85	-0,37952	-1843	-76	46
47	-0,58828	-2648	-100	-0,49747	-2308	-90	-0,39795	-1922	-79	47
48	-0,61476	-2753	-105	-0,52055	-2403	-95	-0,41717	-2006	-84	48
49	-0,64229	-2864	-111	-0,54458	-2503	-100	-0,43723	-2093	-87	49
0,50	-0,67093		-117	-0,56961		-105	-0,45816		-91	0,50

$$\lg \frac{cn\,u}{\cos x}$$

q	z = 0,8	Δ	Δ²	z = 0,9	Δ	Δ²	Θ	−lg cos Θ	q
0,00	−0,00000	−179	−10	−0,00000	−89	−6	0°	0,00000	0,00
01	−0,00179	−188	−9	−0,00089	−95	−6	22° 36,93′	0,03475	01
02	−0,00367	−199	−11	−0,00184	−100	−5	31° 33,74′	0,06952	02
03	−0,00566	−210	−11	−0,00284	−106	−6	38° 8,97′	0,10436	03
04	−0,00776	−221	−11	−0,00390	−111	−5	43° 28,61′	0,13927	04
05	−0,00997	−233	−12	−0,00501	−118	−7	47° 58,64′	0,17430	05
06	−0,01230	−244	−11	−0,00619	−124	−6	51° 52,61′	0,20947	06
07	−0,01474	−257	−13	−0,00743	−130	−6	55° 18,69′	0,24480	07
08	−0,01731	−270	−13	−0,00873	−137	−7	58° 22,31′	0,28033	08
09	−0,02001	−282	−12	−0,01010	−144	−7	61° 7,29′	0,31609	09
0,10	−0,02283	−297	−15	−0,01154	−152	−8	63° 36,45′	0,35211	0,10
11	−0,02580	−310	−13	−0,01306	−158	−6	65° 51,96′	0,38841	11
12	−0,02890	−324	−14	−0,01464	−167	−9	67° 55,54′	0,42503	12
13	−0,03214	−340	−16	−0,01631	−175	−8	69° 48,57′	0,46200	13
14	−0,03554	−355	−15	−0,01806	−183	−8	71° 32,19′	0,49935	14
15	−0,03909	−372	−17	−0,01989	−192	−9	73° 7,35′	0,53711	15
16	−0,04281	−388	−16	−0,02181	−201	−9	74° 34,86′	0,57532	16
17	−0,04669	−405	−17	−0,02382	−210	−9	75° 55,42′	0,61401	17
18	−0,05074	−423	−18	−0,02592	−221	−11	77° 9,63′	0,65321	18
19	−0,05497	−441	−18	−0,02813	−230	−9	78° 18,02′	0,69297	19
0,20	−0,05938	−461	−20	−0,03043	−242	−12	79° 21,06′	0,73332	0,20
21	−0,06399	−480	−19	−0,03285	−252	−10	80° 19,17′	0,77429	21
22	−0,06879	−501	−21	−0,03537	−264	−12	81° 12,72′	0,81594	22
23	−0,07380	−523	−22	−0,03801	−277	−13	82° 2,05′	0,85829	23
24	−0,07903	−545	−22	−0,04078	−289	−12	82° 47,47′	0,90140	24
25	−0,08448	−568	−23	−0,04367	−302	−13	83° 29,25′	0,94531	25
26	−0,09016	−593	−25	−0,04669	−317	−15	84° 7,65′	0,99005	26
27	−0,09609	−617	−24	−0,04986	−331	−14	84° 42,90′	1,03570	27
28	−0,10226	−644	−27	−0,05317	−346	−15	85° 15,23′	1,08228	28
29	−0,10870	−671	−27	−0,05663	−363	−17	85° 44,84′	1,12986	29
0,30	−0,11541	−700	−29	−0,06026	−380	−17	86° 11,91′	1,17849	0,30
31	−0,12241	−730	−30	−0,06406	−397	−17	86° 36,62′	1,22823	31
32	−0,12971	−761	−31	−0,06803	−417	−20	86° 59,14′	1,27914	32
33	−0,13732	−793	−32	−0,07220	−436	−19	87° 19,62′	1,33128	33
34	−0,14525	−828	−35	−0,07656	−457	−21	87° 38,20′	1,38472	34
35	−0,15353	−863	−35	−0,08113	−478	−21	87° 55,02′	1,43953	35
36	−0,16216	−901	−38	−0,08591	−503	−25	88° 10,21′	1,49579	36
37	−0,17117	−939	−38	−0,09094	−526	−23	88° 23,89′	1,55357	37
38	−0,18056	−981	−42	−0,09620	−552	−26	88° 36,18′	1,61296	38
39	−0,19037	−1024	−43	−0,10172	−580	−28	88° 47,18′	1,67405	39
0,40	−0,20061	−1070	−46	−0,10752	−608	−28	88° 57,00′	1,73693	0,40
41	−0,21131	−1117	−47	−0,11360	−640	−32	89° 5,73′	1,80169	41
42	−0,22248	−1167	−50	−0,12000	−671	−31	89° 13,46′	1,86846	42
43	−0,23415	−1220	−53	−0,12671	−706	−35	89° 20,29′	1,93733	43
44	−0,24635	−1275	−55	−0,13377	−742	−36	89° 26,28′	2,00844	44
45	−0,25910	−1334	−59	−0,14119	−781	−39	89° 31,53′	2,08190	45
46	−0,27244	−1396	−62	−0,14900	−822	−41	89° 36,10′	2,15787	46
47	−0,28640	−1460	−64	−0,15722	−866	−44	89° 40,06′	2,23648	47
48	−0,30100	−1529	−69	−0,16588	−911	−45	89° 43,47′	2,31790	48
49	−0,31629	−1602	−73	−0,17499	−962	−51	89° 46,39′	2,40230	49
0,50	−0,33231		−77	−0,18461		−54	89° 48,87′	2,48986	0,50

5* Für $z = +1,0$ ist identisch $\lg \dfrac{cn\,u}{\cos x} = 0$. For $z = +1,0$ is identical $\lg \dfrac{cn\,u}{\cos x} = 0$.

q	$z = -1,0$	Δ	Δ^2	$z = -0,9$	Δ	Δ^2	$z = -0,8$	Δ	Δ^2	q
0,00	-0,00000	-3475	0	-0,00000	-3301	0	-0,00000	-3127	0	0,00
01	-0,03475	-3477	-2	-0,03301	-3303	-2	-0,03127	-3130	-3	01
02	-0,06952	-3484	-7	-0,06604	-3309	-6	-0,06257	-3133	-3	02
03	-0,10436	-3491	-7	-0,09913	-3315	-6	-0,09390	-3140	-7	03
04	-0,13927	-3503	-12	-0,13228	-3325	-10	-0,12530	-3148	-8	04
05	-0,17430	-3517	-14	-0,16553	-3338	-13	-0,15678	-3159	-11	05
06	-0,20947	-3533	-16	-0,19891	-3351	-13	-0,18837	-3172	-13	06
07	-0,24480	-3553	-20	-0,23242	-3369	-18	-0,22009	-3187	-15	07
08	-0,28033	-3576	-23	-0,26611	-3389	-20	-0,25196	-3203	-16	08
09	-0,31609	-3602	-26	-0,30000	-3410	-21	-0,28399	-3224	-21	09
0,10	-0,35211	-3630	-28	-0,33410	-3436	-26	-0,31623	-3244	-20	0,10
11	-0,38841	-3662	-32	-0,36846	-3462	-26	-0,34867	-3269	-25	11
12	-0,42503	-3697	-35	-0,40308	-3493	-31	-0,38136	-3295	-26	12
13	-0,46200	-3735	-38	-0,43801	-3526	-33	-0,41431	-3324	-29	13
14	-0,49935	-3776	-41	-0,47327	-3561	-35	-0,44755	-3355	-31	14
15	-0,53711	-3821	-45	-0,50888	-3599	-38	-0,48110	-3389	-34	15
16	-0,57532	-3869	-48	-0,54487	-3641	-42	-0,51499	-3425	-36	16
17	-0,61401	-3920	-51	-0,58128	-3686	-45	-0,54924	-3464	-39	17
18	-0,65321	-3976	-56	-0,61814	-3733	-47	-0,58388	-3506	-42	18
19	-0,69297	-4035	-59	-0,65547	-3784	-51	-0,61894	-3551	-45	19
0,20	-0,73332	-4097	-62	-0,69331	-3838	-54	-0,65445	-3598	-47	0,20
21	-0,77429	-4165	-68	-0,73169	-3895	-57	-0,69043	-3648	-50	21
22	-0,81594	-4235	-70	-0,77064	-3956	-61	-0,72691	-3703	-55	22
23	-0,85829	-4311	-76	-0,81020	-4021	-65	-0,76394	-3759	-56	23
24	-0,90140	-4391	-80	-0,85041	-4089	-68	-0,80153	-3819	-60	24
25	-0,94531	-4474	-83	-0,89130	-4162	-73	-0,83972	-3884	-65	25
26	-0,99005	-4565	-91	-0,93292	-4238	-76	-0,87856	-3951	-67	26
27	-1,03570	-4658	-93	-0,97530	-4318	-80	-0,91807	-4022	-71	27
28	-1,08228	-4758	-100	-1,01848	-4404	-86	-0,95829	-4098	-76	28
29	-1,12986	-4863	-105	-1,06252	-4494	-90	-0,99927	-4177	-79	29
0,30	-1,17849	-4974	-111	-1,10746	-4589	-95	-1,04104	-4262	-85	0,30
31	-1,22823	-5091	-117	-1,15335	-4688	-99	-1,08366	-4350	-88	31
32	-1,27914	-5214	-123	-1,20023	-4793	-105	-1,12716	-4444	-94	32
33	-1,33128	-5344	-130	-1,24816	-4905	-112	-1,17160	-4542	-98	33
34	-1,38472	-5481	-137	-1,29721	-5021	-116	-1,21702	-4647	-105	34
35	-1,43953	-5626	-145	-1,34742	-5144	-123	-1,26349	-4756	-109	35
36	-1,49579	-5778	-152	-1,39886	-5274	-130	-1,31105	-4872	-116	36
37	-1,55357	-5939	-161	-1,45160	-5411	-137	-1,35977	-4995	-123	37
38	-1,61296	-6109	-170	-1,50571	-5554	-143	-1,40972	-5124	-129	38
39	-1,67405	-6288	-179	-1,56125	-5707	-153	-1,46096	-5260	-136	39
0,40	-1,73693	-6476	-188	-1,61832	-5867	-160	-1,51356	-5405	-145	0,40
41	-1,80169	-6677	-201	-1,67699	-6037	-170	-1,56761	-5557	-152	41
42	-1,86846	-6887	-210	-1,73736	-6215	-178	-1,62318	-5719	-162	42
43	-1,93733	-7111	-224	-1,79951	-6404	-189	-1,68037	-5889	-170	43
44	-2,00844	-7346	-235	-1,86355	-6604	-200	-1,73926	-6070	-181	44
45	-2,08190	-7597	-251	-1,92959	-6815	-211	-1,79996	-6262	-192	45
46	-2,15787	-7861	-264	-1,99774	-7039	-224	-1,86258	-6465	-203	46
47	-2,23648	-8142	-281	-2,06813	-7276	-237	-1,92723	-6681	-216	47
48	-2,31790	-8440	-298	-2,14089	-7528	-252	-1,99404	-6910	-229	48
49	-2,40230	-8756	-316	-2,21617	-7795	-267	-2,06314	-7154	-244	49
0,50	-2,48986		-333	-2,29412		-282	-2,13468		-258	0,50

q	$z = -0,7$	Δ	Δ^2	$z = -0,6$	Δ	Δ^2	$z = -0,5$	Δ	Δ^2	q
0,00	−0,00000	−2954	0	−0,00000	−2780	0	−0,00000	−2606	0	0,00
01	−0,02954	−2955	−1	−0,02780	−2781	−1	−0,02606	−2608	−2	01
02	−0,05909	−2959	−4	−0,05561	−2785	−4	−0,05214	−2610	−2	02
03	−0,08868	−2965	−6	−0,08346	−2790	−5	−0,07824	−2616	−6	03
04	−0,11833	−2972	−7	−0,11136	−2797	−7	−0,10440	−2621	−5	04
05	−0,14805	−2982	−10	−0,13933	−2805	−8	−0,13061	−2630	−9	05
06	−0,17787	−2993	−11	−0,16738	−2816	−11	−0,15691	−2639	−9	06
07	−0,20780	−3006	−13	−0,19554	−2827	−11	−0,18330	−2651	−12	07
08	−0,23786	−3021	−15	−0,22381	−2842	−15	−0,20981	−2663	−12	08
09	−0,26807	−3039	−18	−0,25223	−2857	−15	−0,23644	−2677	−14	09
0,10	−0,29846	−3058	−19	−0,28080	−2874	−17	−0,26321	−2694	−17	0,10
11	−0,32904	−3080	−22	−0,30954	−2894	−20	−0,29015	−2712	−18	11
12	−0,35984	−3103	−23	−0,33848	−2916	−22	−0,31727	−2732	−20	12
13	−0,39087	−3128	−25	−0,36764	−2939	−23	−0,34459	−2754	−22	13
14	−0,42215	−3157	−29	−0,39703	−2964	−25	−0,37213	−2777	−23	14
15	−0,45372	−3186	−29	−0,42667	−2992	−28	−0,39990	−2803	−26	15
16	−0,48558	−3220	−34	−0,45659	−3021	−29	−0,42793	−2831	−28	16
17	−0,51778	−3254	−34	−0,48680	−3054	−33	−0,45624	−2860	−29	17
18	−0,55032	−3292	−38	−0,51734	−3088	−34	−0,48484	−2893	−33	18
19	−0,58324	−3331	−39	−0,54822	−3124	−36	−0,51377	−2927	−34	19
0,20	−0,61655	−3375	−44	−0,57946	−3164	−40	−0,54304	−2964	−37	0,20
21	−0,65030	−3420	−45	−0,61110	−3206	−42	−0,57268	−3002	−38	21
22	−0,68450	−3468	−48	−0,64316	−3250	−44	−0,60270	−3045	−43	22
23	−0,71918	−3520	−52	−0,67566	−3298	−48	−0,63315	−3089	−44	23
24	−0,75438	−3574	−54	−0,70864	−3348	−50	−0,66404	−3136	−47	24
25	−0,79012	−3632	−58	−0,74212	−3401	−53	−0,69540	−3187	−51	25
26	−0,82644	−3694	−62	−0,77613	−3458	−57	−0,72727	−3240	−53	26
27	−0,86338	−3758	−64	−0,81071	−3519	−61	−0,75967	−3296	−56	27
28	−0,90096	−3827	−69	−0,84590	−3581	−62	−0,79263	−3356	−60	28
29	−0,93923	−3899	−72	−0,88171	−3649	−68	−0,82619	−3420	−64	29
0,30	−0,97822	−3976	−77	−0,91820	−3721	−72	−0,86039	−3487	−67	0,30
31	−1,01798	−4057	−81	−0,95541	−3796	−75	−0,89526	−3559	−72	31
32	−1,05855	−4142	−85	−0,99337	−3876	−80	−0,93085	−3634	−75	32
33	−1,09997	−4233	−91	−1,03213	−3960	−84	−0,96719	−3714	−80	33
34	−1,14230	−4329	−96	−1,07173	−4050	−90	−1,00433	−3799	−85	34
35	−1,18559	−4429	−100	−1,11223	−4144	−94	−1,04232	−3888	−89	35
36	−1,22988	−4537	−108	−1,15367	−4245	−101	−1,08120	−3983	−95	36
37	−1,27525	−4649	−112	−1,19612	−4350	−105	−1,12103	−4084	−101	37
38	−1,32174	−4769	−120	−1,23962	−4463	−113	−1,16187	−4190	−106	38
39	−1,36943	−4895	−126	−1,28425	−4582	−119	−1,20377	−4303	−113	39
0,40	−1,41838	−5029	−134	−1,33007	−4707	−125	−1,24680	−4422	−119	0,40
41	−1,46867	−5170	−141	−1,37714	−4841	−134	−1,29102	−4550	−128	41
42	−1,52037	−5320	−150	−1,42555	−4983	−142	−1,33652	−4683	−133	42
43	−1,57357	−5479	−159	−1,47538	−5132	−149	−1,38335	−4827	−144	43
44	−1,62836	−5648	−169	−1,52670	−5292	−160	−1,43162	−4977	−150	44
45	−1,68484	−5827	−179	−1,57962	−5461	−169	−1,48139	−5139	−162	45
46	−1,74311	−6017	−190	−1,63423	−5641	−180	−1,53278	−5309	−170	46
47	−1,80328	−6219	−202	−1,69064	−5832	−191	−1,58587	−5491	−182	47
48	−1,86547	−6434	−215	−1,74896	−6035	−203	−1,64078	−5685	−194	48
49	−1,92981	−6662	−228	−1,80931	−6252	−217	−1,69763	−5890	−205	49
0,50	−1,99643		−241	−1,87183		−231	−1,75653		−216	0,50

q	$z = -0{,}4$	Δ	Δ^2	$z = -0{,}3$	Δ	Δ^2	$z = -0{,}2$	Δ	Δ^2	q
0,00	−0,00000	−2432	0	−0,00000	−2259	0	−0,00000	−2085	0	0,00
01	−0,02432	−2434	−2	−0,02259	−2260	−1	−0,02085	−2086	−1	01
02	−0,04866	−2437	−3	−0,04519	−2262	−2	−0,04171	−2089	−3	02
03	−0,07303	−2441	−4	−0,06781	−2268	−6	−0,06260	−2093	−4	03
04	−0,09744	−2447	−6	−0,09049	−2272	−4	−0,08353	−2099	−6	04
05	−0,12191	−2455	−8	−0,11321	−2281	−9	−0,10452	−2106	−7	05
06	−0,14646	−2463	−8	−0,13602	−2288	−7	−0,12558	−2115	−9	06
07	−0,17109	−2475	−12	−0,15890	−2299	−11	−0,14673	−2124	−9	07
08	−0,19584	−2486	−11	−0,18189	−2311	−12	−0,16797	−2136	−12	08
09	−0,22070	−2500	−14	−0,20500	−2324	−13	−0,18933	−2149	−13	09
0,10	−0,24570	−2516	−16	−0,22824	−2339	−15	−0,21082	−2164	−15	0,10
11	−0,27086	−2532	−16	−0,25163	−2355	−16	−0,23246	−2180	−16	11
12	−0,29618	−2552	−20	−0,27518	−2374	−19	−0,25426	−2197	−17	12
13	−0,32170	−2572	−20	−0,29892	−2394	−20	−0,27623	−2217	−20	13
14	−0,34742	−2594	−22	−0,32286	−2415	−21	−0,29840	−2238	−21	14
15	−0,37336	−2619	−25	−0,34701	−2438	−23	−0,32078	−2261	−23	15
16	−0,39955	−2646	−27	−0,37139	−2464	−26	−0,34339	−2286	−25	16
17	−0,42601	−2673	−27	−0,39603	−2492	−28	−0,36625	−2313	−27	17
18	−0,45274	−2704	−31	−0,42095	−2520	−28	−0,38938	−2341	−28	18
19	−0,47978	−2737	−33	−0,44615	−2552	−32	−0,41279	−2371	−30	19
0,20	−0,50715	−2771	−34	−0,47167	−2586	−34	−0,43650	−2404	−33	0,20
21	−0,53486	−2809	−38	−0,49753	−2621	−35	−0,46054	−2440	−36	21
22	−0,56295	−2849	−40	−0,52374	−2660	−39	−0,48494	−2476	−36	22
23	−0,59144	−2891	−42	−0,55034	−2701	−41	−0,50970	−2516	−40	23
24	−0,62035	−2935	−44	−0,57735	−2744	−43	−0,53486	−2557	−41	24
25	−0,64970	−2984	−49	−0,60479	−2789	−45	−0,56043	−2603	−46	25
26	−0,67954	−3035	−51	−0,63268	−2839	−50	−0,58646	−2649	−46	26
27	−0,70989	−3088	−53	−0,66107	−2890	−51	−0,61295	−2700	−51	27
28	−0,74077	−3145	−57	−0,68997	−2946	−56	−0,63995	−2752	−52	28
29	−0,77222	−3206	−61	−0,71943	−3003	−57	−0,66747	−2809	−57	29
0,30	−0,80428	−3271	−65	−0,74946	−3065	−62	−0,69556	−2868	−59	0,30
31	−0,83699	−3338	−67	−0,78011	−3130	−65	−0,72424	−2931	−63	31
32	−0,87037	−3410	−72	−0,81141	−3200	−70	−0,75355	−2997	−66	32
33	−0,90447	−3487	−77	−0,84341	−3272	−72	−0,78352	−3068	−71	33
34	−0,93934	−3567	−80	−0,87613	−3350	−78	−0,81420	−3141	−73	34
35	−0,97501	−3652	−85	−0,90963	−3431	−81	−0,84561	−3221	−80	35
36	−1,01153	−3744	−92	−0,94394	−3519	−88	−0,87782	−3303	−82	36
37	−1,04897	−3839	−95	−0,97913	−3609	−90	−0,91085	−3391	−88	37
38	−1,08736	−3940	−101	−1,01522	−3707	−98	−0,94476	−3484	−93	38
39	−1,12676	−4048	−108	−1,05229	−3810	−103	−0,97960	−3582	−98	39
0,40	−1,16724	−4163	−115	−1,09039	−3918	−108	−1,01542	−3686	−104	0,40
41	−1,20887	−4282	−119	−1,12957	−4034	−116	−1,05228	−3796	−110	41
42	−1,25169	−4411	−129	−1,16991	−4156	−122	−1,09024	−3913	−117	42
43	−1,29580	−4547	−136	−1,21147	−4286	−130	−1,12937	−4036	−123	43
44	−1,34127	−4691	−144	−1,25433	−4423	−137	−1,16973	−4167	−131	44
45	−1,38818	−4845	−154	−1,29856	−4569	−146	−1,21140	−4306	−139	45
46	−1,43663	−5007	−162	−1,34425	−4723	−154	−1,25446	−4453	−147	46
47	−1,48670	−5179	−172	−1,39148	−4889	−166	−1,29899	−4610	−157	47
48	−1,53849	−5364	−185	−1,44037	−5063	−174	−1,34509	−4776	−166	48
49	−1,59213	−5560	−196	−1,49100	−5250	−187	−1,39285	−4952	−176	49
0,50	−1,64773		−208	−1,54350		−198	−1,44237		−186	0,50

q	z = -0,1	Δ	Δ²	z = 0,0	Δ	Δ²	z = 0,1	Δ	Δ²	q
0,00	-0,00000	-1911	0	-0,00000	-1737	0	-0,00000	-1564	0	0,00
01	-0,01911	-1913	-2	-0,01737	-1739	-2	-0,01564	-1565	-1	01
02	-0,03824	-1915	-2	-0,03476	-1742	-3	-0,03129	-1568	-3	02
03	-0,05739	-1919	-4	-0,05218	-1746	-4	-0,04697	-1572	-4	03
04	-0,07658	-1926	-7	-0,06964	-1751	-5	-0,06269	-1577	-5	04
05	-0,09584	-1932	-6	-0,08715	-1758	-7	-0,07846	-1585	-8	05
06	-0,11516	-1940	-8	-0,10473	-1767	-9	-0,09431	-1593	-8	06
07	-0,13456	-1951	-11	-0,12240	-1777	-10	-0,11024	-1603	-10	07
08	-0,15407	-1962	-11	-0,14017	-1788	-11	-0,12627	-1614	-11	08
09	-0,17369	-1974	-12	-0,15805	-1801	-13	-0,14241	-1627	-13	09
0,10	-0,19343	-1989	-15	-0,17606	-1815	-14	-0,15868	-1641	-14	0,10
11	-0,21332	-2006	-17	-0,19421	-1831	-16	-0,17509	-1657	-16	11
12	-0,23338	-2022	-16	-0,21252	-1848	-17	-0,19166	-1674	-17	12
13	-0,25360	-2042	-20	-0,23100	-1867	-19	-0,20840	-1693	-19	13
14	-0,27402	-2063	-21	-0,24967	-1889	-22	-0,22533	-1713	-20	14
15	-0,29465	-2085	-22	-0,26856	-1910	-21	-0,24246	-1736	-23	15
16	-0,31550	-2110	-25	-0,28766	-1934	-24	-0,25982	-1759	-23	16
17	-0,33660	-2135	-25	-0,30700	-1961	-27	-0,27741	-1785	-26	17
18	-0,35795	-2164	-29	-0,32661	-1988	-27	-0,29526	-1812	-27	18
19	-0,37959	-2194	-30	-0,34649	-2017	-29	-0,31338	-1841	-29	19
0,20	-0,40153	-2226	-32	-0,36666	-2049	-32	-0,33179	-1872	-31	0,20
21	-0,42379	-2260	-34	-0,38715	-2082	-33	-0,35051	-1904	-32	21
22	-0,44639	-2296	-36	-0,40797	-2118	-36	-0,36955	-1939	-35	22
23	-0,46935	-2335	-39	-0,42915	-2155	-37	-0,38894	-1976	-37	23
24	-0,49270	-2375	-40	-0,45070	-2195	-40	-0,40870	-2015	-39	24
25	-0,51645	-2419	-44	-0,47265	-2238	-43	-0,42885	-2056	-41	25
26	-0,54064	-2465	-46	-0,49503	-2282	-44	-0,44941	-2100	-44	26
27	-0,56529	-2513	-48	-0,51785	-2329	-47	-0,47041	-2145	-45	27
28	-0,59042	-2565	-52	-0,54114	-2379	-50	-0,49186	-2193	-48	28
29	-0,61607	-2619	-54	-0,56493	-2431	-52	-0,51379	-2244	-51	29
0,30	-0,64226	-2676	-57	-0,58924	-2487	-56	-0,53623	-2298	-54	0,30
31	-0,66902	-2737	-61	-0,61411	-2546	-59	-0,55921	-2354	-56	31
32	-0,69639	-2801	-64	-0,63957	-2607	-61	-0,58275	-2413	-59	32
33	-0,72440	-2868	-67	-0,66564	-2672	-65	-0,60688	-2476	-63	33
34	-0,75308	-2940	-72	-0,69236	-2741	-69	-0,63164	-2542	-66	34
35	-0,78248	-3015	-75	-0,71977	-2812	-71	-0,65706	-2610	-68	35
36	-0,81263	-3094	-79	-0,74789	-2890	-78	-0,68316	-2684	-74	36
37	-0,84357	-3179	-85	-0,77679	-2969	-79	-0,71000	-2760	-76	37
38	-0,87536	-3268	-89	-0,80648	-3054	-85	-0,73760	-2841	-81	38
39	-0,90804	-3361	-93	-0,83702	-3144	-90	-0,76601	-2926	-85	39
0,40	-0,94165	-3461	-100	-0,86846	-3239	-95	-0,79527	-3017	-91	0,40
41	-0,97626	-3565	-104	-0,90085	-3338	-99	-0,82544	-3110	-93	41
42	-1,01191	-3677	-112	-0,93423	-3444	-106	-0,85654	-3211	-101	42
43	-1,04868	-3794	-117	-0,96867	-3555	-111	-0,88865	-3317	-106	43
44	-1,08662	-3918	-124	-1,00422	-3673	-118	-0,92182	-3428	-111	44
45	-1,12580	-4050	-132	-1,04095	-3798	-125	-0,95610	-3546	-118	45
46	-1,16630	-4190	-140	-1,07893	-3931	-133	-0,99156	-3671	-125	46
47	-1,20820	-4339	-149	-1,11824	-4071	-140	-1,02827	-3804	-133	47
48	-1,25159	-4496	-157	-1,15895	-4220	-149	-1,06631	-3944	-140	48
49	-1,29655	-4664	-168	-1,20115	-4378	-158	-1,10575	-4093	-149	49
0,50	-1,34319		-178	-1,24493		-167	-1,14668		-157	0,50

q	z = 0,2	Δ	Δ²	z = 0,3	Δ	Δ²	z = 0,4	Δ	Δ²	q
0,00	-0,00000			-0,00000			-0,00000			0,00
		-1390	0		-1216	0		-1043	0	
01	-0,01390			-0,01216			-0,01043			01
		-1391	-1		-1218	-2		-1043	0	
02	-0,02781			-0,02434			-0,02086			02
		-1394	-3		-1220	-2		-1047	-4	
03	-0,04175			-0,03654			-0,03133			03
		-1399	-5		-1225	-5		-1050	-3	
04	-0,05574			-0,04879			-0,04183			04
		-1403	-4		-1229	-4		-1056	-6	
05	-0,06977			-0,06108			-0,05239			05
		-1411	-8		-1237	-8		-1062	-6	
06	-0,08388			-0,07345			-0,06301			06
		-1419	-8		-1245	-8		-1070	-8	
07	-0,09807			-0,08590			-0,07371			07
		-1429	-10		-1254	-9		-1079	-9	
08	-0,11236			-0,09844			-0,08450			08
		-1440	-11		-1265	-11		-1089	-10	
09	-0,12676			-0,11109			-0,09539			09
		-1453	-13		-1278	-13		-1102	-13	
0,10	-0,14129			-0,12387			-0,10641			0,10
		-1466	-13		-1291	-13		-1115	-13	
11	-0,15595			-0,13678			-0,11756			11
		-1483	-17		-1307	-16		-1129	-14	
12	-0,17078			-0,14985			-0,12885			12
		-1499	-16		-1323	-16		-1145	-16	
13	-0,18577			-0,16308			-0,14030			13
		-1518	-19		-1341	-18		-1163	-18	
14	-0,20095			-0,17649			-0,15193			14
		-1538	-20		-1362	-21		-1182	-19	
15	-0,21633			-0,19011			-0,16375			15
		-1560	-22		-1382	-20		-1202	-20	
16	-0,23193			-0,20393			-0,17577			16
		-1583	-23		-1405	-23		-1223	-21	
17	-0,24776			-0,21798			-0,18800			17
		-1608	-25		-1429	-24		-1247	-24	
18	-0,26384			-0,23227			-0,20047			18
		-1635	-27		-1455	-26		-1272	-25	
19	-0,28019			-0,24682			-0,21319			19
		-1663	-28		-1483	-28		-1298	-26	
0,20	-0,29682			-0,26165			-0,22617			0,20
		-1693	-30		-1512	-29		-1326	-28	
21	-0,31375			-0,27677			-0,23943			21
		-1725	-32		-1542	-30		-1356	-30	
22	-0,33100			-0,29219			-0,25299			22
		-1759	-34		-1576	-34		-1387	-31	
23	-0,34859			-0,30795			-0,26686			23
		-1795	-36		-1610	-34		-1419	-32	
24	-0,36654			-0,32405			-0,28105			24
		-1833	-38		-1647	-37		-1455	-36	
25	-0,38487			-0,34052			-0,29560			25
		-1873	-40		-1685	-38		-1491	-36	
26	-0,40360			-0,35737			-0,31051			26
		-1914	-41		-1726	-41		-1530	-39	
27	-0,42274			-0,37463			-0,32581			27
		-1959	-45		-1768	-42		-1570	-40	
28	-0,44233			-0,39231			-0,34151			28
		-2006	-47		-1812	-44		-1613	-43	
29	-0,46239			-0,41043			-0,35764			29
		-2054	-48		-1860	-48		-1657	-44	
0,30	-0,48293			-0,42903			-0,37421			0,30
		-2106	-52		-1909	-49		-1703	-46	
31	-0,50399			-0,44812			-0,39124			31
		-2160	-54		-1960	-51		-1753	-50	
32	-0,52559			-0,46772			-0,40877			32
		-2217	-57		-2015	-55		-1804	-51	
33	-0,54776			-0,48787			-0,42681			33
		-2276	-59		-2072	-57		-1857	-53	
34	-0,57052			-0,50859			-0,44538			34
		-2340	-64		-2131	-59		-1914	-57	
25	-0,59392			-0,52990			-0,46452			35
		-2405	-65		-2195	-64		-1974	-60	
36	-0,61797			-0,55185			-0,48426			36
		-2475	-70		-2260	-65		-2035	-61	
37	-0,64272			-0,57445			-0,50461			37
		-2548	-73		-2329	-69		-2099	-64	
38	-0,66820			-0,59774			-0,52560			38
		-2625	-77		-2402	-73		-2169	-70	
39	-0,69445			-0,62176			-0,54729			39
		-2705	-80		-2478	-76		-2239	-70	
0,40	-0,72150			-0,64654			-0,56968			0,40
		-2791	-86		-2558	-80		-2315	-76	
41	-0,74941			-0,67212			-0,59283			41
		-2880	-89		-2642	-84		-2393	-78	
42	-0,77821			-0,69854			-0,61676			42
		-2975	-95		-2732	-90		-2477	-84	
43	-0,80796			-0,72586			-0,64153			43
		-3074	-99		-2825	-93		-2563	-86	
44	-0,83870			-0,75411			-0,66716			44
		-3180	-106		-2923	-98		-2656	-93	
45	-0,87050			-0,78334			-0,69372			45
		-3290	-110		-3028	-105		-2752	-96	
46	-0,90340			-0,81362			-0,72124			46
		-3409	-119		-3137	-109		-2854	-102	
47	-0,93749			-0,84499			-0,74978			47
		-3532	-123		-3254	-117		-2962	-108	
48	-0,97281			-0,87753			-0,77940			48
		-3664	-132		-3377	-123		-3076	-114	
49	-1,00945			-0,91130			-0,81016			49
		-3804	-140		-3506	-129		-3197	-121	
0,50	-1,04749		-148	-0,94636		-135	-0,84213		-127	0,50

q	z = 0,5	Δ	Δ²	z = 0,6	Δ	Δ²	z = 0,7	Δ	Δ²	q
0,00	−0,00000		0	−0,00000		0	−0,00000		0	0,00
01	−0,00869	−869	−1	−0,00695	−695	−1	−0,00521	−521	−2	01
02	−0,01739	−870	−2	−0,01391	−696	−3	−0,01044	−523	−1	02
03	−0,02611	−872	−4	−0,02090	−699	−2	−0,01568	−524	−2	03
04	−0,03487	−876	−5	−0,02791	−701	−5	−0,02094	−526	−5	04
05	−0,04368	−881	−6	−0,03497	−706	−6	−0,02625	−531	−4	05
06	−0,05255	−887	−8	−0,04209	−712	−6	−0,03160	−535	−5	06
07	−0,06150	−895	−8	−0,04927	−718	−7	−0,03700	−540	−8	07
08	−0,07053	−903	−10	−0,05652	−725	−10	−0,04248	−548	−6	08
09	−0,07966	−913	−11	−0,06387	−735	−9	−0,04802	−554	−9	09
0,10	−0,08890	−924	−12	−0,07131	−744	−12	−0,05365	−563	−9	0,10
11	−0,09826	−936	−14	−0,07887	−756	−12	−0,05937	−572	−11	11
12	−0,10776	−950	−15	−0,08655	−768	−13	−0,06520	−583	−10	12
13	−0,11741	−965	−16	−0,09436	−781	−15	−0,07113	−593	−14	13
14	−0,12722	−981	−18	−0,10232	−796	−16	−0,07720	−607	−12	14
15	−0,13721	−999	−19	−0,11044	−812	−17	−0,08339	−619	−15	15
16	−0,14739	−1018	−20	−0,11873	−829	−18	−0,08973	−634	−16	16
17	−0,15777	−1038	−22	−0,12720	−847	−20	−0,09623	−650	−16	17
18	−0,16837	−1060	−23	−0,13587	−867	−21	−0,10289	−666	−19	18
19	−0,17920	−1083	−25	−0,14475	−888	−22	−0,10974	−685	−18	19
0,20	−0,19028	−1108	−26	−0,15385	−910	−24	−0,11677	−703	−20	0,20
21	−0,20162	−1134	−27	−0,16319	−934	−25	−0,12400	−723	−21	21
22	−0,21323	−1161	−30	−0,17278	−959	−26	−0,13144	−744	−23	22
23	−0,22514	−1191	−31	−0,18263	−985	−28	−0,13911	−767	−24	23
24	−0,23736	−1222	−32	−0,19276	−1013	−30	−0,14702	−791	−25	24
25	−0,24990	−1254	−35	−0,20319	−1043	−30	−0,15518	−816	−27	25
26	−0,26279	−1289	−35	−0,21392	−1073	−33	−0,16361	−843	−28	26
27	−0,27603	−1324	−38	−0,22498	−1106	−34	−0,17232	−871	−29	27
28	−0,28965	−1362	−40	−0,23638	−1140	−37	−0,18132	−900	−31	28
29	−0,30367	−1402	−41	−0,24815	−1177	−36	−0,19063	−931	−33	29
0,30	−0,31810	−1443	−43	−0,26028	−1213	−41	−0,20027	−964	−34	0,30
31	−0,33296	−1486	−47	−0,27282	−1254	−41	−0,21025	−998	−36	31
32	−0,34829	−1533	−47	−0,28577	−1295	−43	−0,22059	−1034	−38	32
33	−0,36409	−1580	−50	−0,29915	−1338	−46	−0,23131	−1072	−39	33
34	−0,38039	−1630	−53	−0,31299	−1384	−47	−0,24242	−1111	−41	34
35	−0,39722	−1683	−54	−0,32730	−1431	−51	−0,25394	−1152	−45	35
36	−0,41459	−1737	−58	−0,34212	−1482	−51	−0,26591	−1197	−44	36
37	−0,43254	−1795	−60	−0,35745	−1533	−56	−0,27832	−1241	−49	37
38	−0,45109	−1855	−64	−0,37334	−1589	−57	−0,29122	−1290	−50	38
39	−0,47028	−1919	−66	−0,38980	−1646	−60	−0,30462	−1340	−53	39
0,40	−0,49013	−1985	−69	−0,40686	−1706	−63	−0,31855	−1393	−55	0,40
41	−0,51067	−2054	−73	−0,42455	−1769	−66	−0,33303	−1448	−58	41
42	−0,53194	−2127	−77	−0,44290	−1835	−70	−0,34809	−1506	−61	42
43	−0,55398	−2204	−80	−0,46195	−1905	−73	−0,36376	−1567	−64	43
44	−0,57682	−2284	−85	−0,48173	−1978	−77	−0,38007	−1631	−68	44
45	−0,60051	−2369	−89	−0,50228	−2055	−80	−0,39706	−1699	−70	45
46	−0,62509	−2458	−94	−0,52363	−2135	−86	−0,41475	−1769	−76	46
47	−0,65061	−2552	−99	−0,54584	−2221	−89	−0,43320	−1845	−78	47
48	−0,67712	−2651	−104	−0,56894	−2310	−95	−0,45243	−1923	−83	48
49	−0,70467	−2755	−111	−0,59299	−2405	−99	−0,47249	−2006	−88	49
0,50	−0,73333	−2866	−117	−0,61803	−2504	−104	−0,49343	−2094	−92	0,50

q	z = 0,8	Δ	Δ²	z = 0,9	Δ	Δ²	K(q)	K/E	q
0,00	−0,00000	−348	0	−0,00000	−174	0	1,57080	1,00000	0,00
01	−0,00348	−348	0	−0,00174	−174	0	1,63426	1,08157	01
02	−0,00696	−349	−1	−0,00348	−175	−1	1,69897	1,16613	02
03	−0,01045	−352	−3	−0,00523	−176	−1	1,76495	1,25347	03
04	−0,01397	−354	−2	−0,00699	−177	−1	1,83219	1,34335	04
05	−0,01751	−358	−4	−0,00876	−180	−3	1,90071	1,43553	05
06	−0,02109	−362	−4	−0,01056	−182	−2	1,97050	1,52976	06
07	−0,02471	−367	−5	−0,01238	−184	−2	2,04158	1,62582	07
08	−0,02838	−372	−5	−0,01422	−188	−4	2,11396	1,72346	08
09	−0,03210	−378	−6	−0,01610	−191	−3	2,18766	1,82247	09
0,10	−0,03588	−386	−8	−0,01801	−195	−4	2,26270	1,92265	0,10
11	−0,03974	−393	−7	−0,01996	−199	−4	2,33910	2,02381	11
12	−0,04367	−402	−9	−0,02195	−204	−5	2,41687	2,12581	12
13	−0,04769	−411	−9	−0,02399	−209	−5	2,49606	2,22851	13
14	−0,05180	−421	−10	−0,02608	−215	−6	2,57668	2,33180	14
15	−0,05601	−432	−11	−0,02823	−222	−7	2,65878	2,43560	15
16	−0,06033	−444	−12	−0,03045	−227	−5	2,74239	2,53987	16
17	−0,06477	−456	−12	−0,03272	−235	−8	2,82756	2,64456	17
18	−0,06933	−470	−14	−0,03507	−243	−8	2,91432	2,74969	18
19	−0,07403	−484	−14	−0,03750	−251	−8	3,00274	2,85528	19
0,20	−0,07887	−500	−16	−0,04001	−260	−9	3,09286	2,96135	0,20
21	−0,08387	−516	−16	−0,04261	−269	−9	3,18474	3,06799	21
22	−0,08903	−533	−17	−0,04530	−279	−10	3,27844	3,17526	22
23	−0,09436	−551	−18	−0,04809	−290	−11	3,37405	3,28327	23
24	−0,09987	−571	−20	−0,05099	−302	−12	3,47162	3,39213	24
25	−0,10558	−592	−21	−0,05401	−313	−11	3,57124	3,50197	25
26	−0,11150	−613	−21	−0,05714	−326	−13	3,67299	3,61293	26
27	−0,11763	−636	−23	−0,06040	−340	−14	3,77698	3,72515	27
28	−0,12399	−660	−24	−0,06380	−354	−14	3,88328	3,83879	28
29	−0,13059	−685	−25	−0,06734	−369	−15	3,99201	3,95403	29
0,30	−0,13744	−713	−28	−0,07103	−385	−16	4,10328	4,07103	0,30
31	−0,14457	−741	−28	−0,07488	−403	−18	4,21721	4,18998	31
32	−0,15198	−770	−29	−0,07891	−420	−17	4,33392	4,31106	32
33	−0,15968	−802	−32	−0,08311	−440	−20	4,45355	4,43448	33
34	−0,16770	−835	−33	−0,08751	−460	−20	4,57625	4,56044	34
35	−0,17605	−869	−34	−0,09211	−482	−22	4,70216	4,68914	35
36	−0,18474	−906	−37	−0,09693	−504	−22	4,83145	4,82081	36
37	−0,19380	−944	−38	−0,10197	−529	−25	4,96430	4,95566	37
38	−0,20324	−985	−41	−0,10726	−553	−24	5,10089	5,09392	38
39	−0,21309	−1027	−42	−0,11279	−581	−28	5,24141	5,23584	39
0,40	−0,22336	−1072	−45	−0,11860	−610	−29	5,38608	5,38167	0,40
41	−0,23408	−1120	−48	−0,12470	−640	−30	5,53513	5,53166	41
42	−0,24528	−1168	−48	−0,13110	−672	−32	5,68879	5,68609	42
43	−0,25696	−1222	−54	−0,13782	−707	−35	5,84732	5,84524	43
44	−0,26918	−1276	−54	−0,14489	−742	−35	6,01101	6,00942	44
45	−0,28194	−1335	−59	−0,15231	−782	−40	6,18014	6,17893	45
46	−0,29529	−1396	−61	−0,16013	−822	−40	6,35503	6,35413	46
47	−0,30925	−1461	−65	−0,16835	−866	−44	6,53602	6,53536	47
48	−0,32386	−1530	−69	−0,17701	−912	−46	6,72349	6,72300	48
49	−0,33916	−1602	−72	−0,18613	−961	−49	6,91781	6,91747	49
0,50	−0,35518		−75	−0,19574		−52	7,11943	7,11919	0,50

Für z = +1,0 ist identisch lg dn u = 0. For z = +1,0 is identical lg dn u = 0.

Tabelle III

Funktionen $\bar{G}(q, z)$ und $\bar{H}(q, z)$

laufend nach $z = \cos 2x$

von $z = -1{,}0$ bis $z = +1{,}0$ in Schritten von 0,1
für die Parameterwerte $q = 0{,}01$ bis 0,50 in Schritten von 0,01,
mit Angabe der zugehörigen Werte Θ.

Table III

$\bar{G}(q, z)$ and $\bar{H}(q, z)$

as functions of $z = \cos 2x$

from $z = -1{.}0$ to $z = +1{.}0$, in steps of 0.1
and parameter values of q
from $q = 0{.}01$ to $q = 0{.}50$, in steps of 0.01

with the corresponding values of Θ.

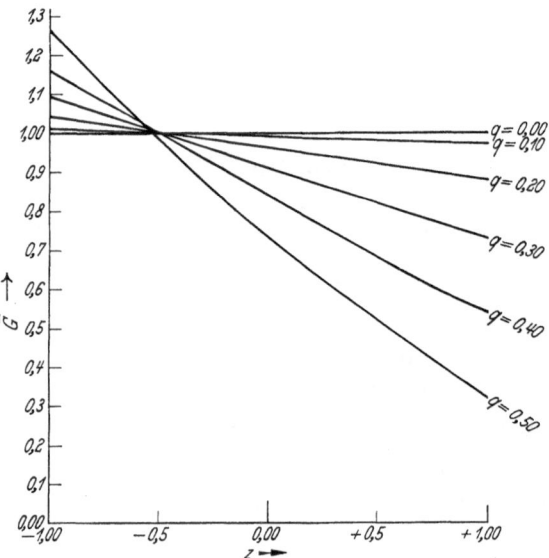

Abb. 7. Funktionen $\overline{G}(q, z)$ laufend nach z, geordnet nach q

Fig. 7 $\overline{G}(q, z)$ as a function of z

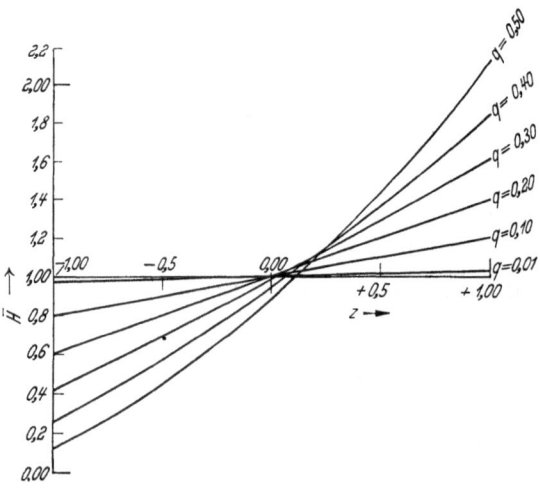

Abb. 8. Funktionen $\overline{H}(q, z)$ laufend nach z, geordnet nach q

Fig. 8. $\overline{H}(q, z)$ as a function of z

z	$q=0,01$	Δ	$q=0,02$	Δ	$q=0,03$	Δ	$q=0,04$	Δ	z
−1,0	1,00010	−2	1,00040	−8	1,00090	−18	1,00160	−32	−1,0
−0,9	1,00008	−2	1,00032	−8	1,00072	−18	1,00128	−32	−0,9
−0,8	1,00006	−2	1,00024	−8	1,00054	−18	1,00096	−32	−0,8
−0,7	1,00004	−2	1,00016	−8	1,00036	−18	1,00064	−32	−0,7
−0,6	1,00002	−2	1,00008	−8	1,00018	−18	1,00032	−32	−0,6
−0,5	1,00000	−2	1,00000	−8	1,00000	−18	1,00000	−32	−0,5
−0,4	0,99998	−2	0,99992	−8	0,99982	−18	0,99968	−32	−0,4
−0,3	0,99996	−2	0,99984	−8	0,99964	−18	0,99936	−32	−0,3
−0,2	0,99994	−2	0,99976	−8	0,99946	−18	0,99904	−32	−0,2
−,01	0,99992	−2	0,99968	−8	0,99928	−18	0,99872	−32	−0,1
0,0	0,99990	−2	0,99960	−8	0,99910	−18	0,99840	−32	0,0
0,1	0,99988	−2	0,99952	−8	0,99892	−18	0,99808	−32	0,1
0,2	0,99986	−2	0,99944	−8	0,99874	−18	0,99776	−32	0,2
0,3	0,99984	−2	0,99936	−8	0,99856	−18	0,99744	−32	0,3
0,4	0,99982	−2	0,99928	−8	0,99838	−18	0,99712	−32	0,4
0,5	0,99980	−2	0,99920	−8	0,99820	−18	0,99680	−32	0,5
0,6	0,99978	−2	0,99912	−8	0,99802	−18	0,99648	−32	0,6
0,7	0,99976	−2	0,99904	−8	0,99784	−18	0,99616	−32	0,7
0,8	0,99974	−2	0,99896	−8	0,99766	−18	0,99584	−32	0,8
0,9	0,99972	−2	0,99888	−8	0,99748	−18	0,99552	−32	0,9
1,0	0,99970		0,99880	−8	0,99730	−18	0,99520	−32	1,0
	$\Theta = 22° 36,93'$		$\Theta = 31° 33,74'$		$\Theta = 38° 8,97'$		$\Theta = 43° 28,61'$		

z	$q=0,05$	Δ	$q=0,06$	Δ	$q=0,07$	Δ	$q=0,08$	Δ	z
−1,0	1,00250	−50	1,00360	−72	1,00490	−98	1,00640	−128	−1,0
−0,9	1,00200	−50	1,00288	−72	1,00392	−98	1,00512	−128	−0,9
−0,8	1,00150	−50	1,00216	−72	1,00294	−98	1,00384	−128	−0,8
−0,7	1,00100	−50	1,00144	−72	1,00196	−98	1,00256	−128	−0,7
−0,6	1,00050	−50	1,00072	−72	1,00098	−98	1,00128	−128	−0,6
−0,5	1,00000	−50	1,00000	−72	1,00000	−98	1,00000	−128	−0,5
−0,4	0,99950	−50	0,99928	−72	0,99902	−98	0,99872	−128	−0,4
−0,3	0,99900	−50	0,99856	−72	0,99804	−98	0,99744	−128	−0,3
−0,2	0,99650	−50	0,99784	−72	0,99706	−98	0,99616	−128	−0,2
−0,1	0,99800	−50	0,99712	−72	0,99608	−98	0,99488	−128	−0,1
0,0	0,99750	−50	0,99640	−72	0,99510	−98	0,99360	−128	0,0
0,1	0,99700	−50	0,99568	−72	0,99412	−98	0,99232	−128	0,1
0,2	0,99650	−50	0,99496	−72	0,99314	−98	0,99104	−128	0,2
0,3	0,99600	−50	0,99424	−72	0,99216	−98	0,98976	−128	0,3
0,4	0,99550	−50	0,99352	−72	0,99118	−98	0,98848	−128	0,4
0,5	0,99500	−50	0,99280	−72	0,99020	−98	0,98720	−128	0,5
0,6	0,99450	−50	0,99208	−72	0,98922	−98	0,98592	−128	0,6
0,7	0,99400	−50	0,99136	−72	0,98824	−98	0,98464	−128	0,7
0,8	0,99350	−50	0,99064	−72	0,98726	−98	0,98336	−128	0,8
0,9	0,99300	−50	0,98992	−72	0,98628	−98	0,98208	−128	0,9
1,0	0,99250		0,98920		0,98530		0,98080		1,0
	$\Theta = 47° 58,64'$		$\Theta = 51° 52,61'$		$\Theta = 55° 18,69'$		$\Theta = 58° 22,31'$		

z	$q=0,09$	Δ	$q=0,10$	Δ	$q=0,11$	Δ	$q=0,12$	Δ	z
−1,0	1,00810	−162	1,01000	−200	1,01210	−242	1,01440	−288	−1,0
−0,9	1,00648	−162	1,00800	−200	1,00968	−242	1,01152	−288	−0,9
−0,8	1,00486	−162	1,00600	−200	1,00726	−242	1,00864	−288	−0,8
−0,7	1,00324	−162	1,00400	−200	1,00484	−242	1,00576	−288	−0,7
−0,6	1,00162	−162	1,00200	−200	1,00242	−242	1,00288	−288	−0,6
−0,5	1,00000	−162	1,00000	−200	1,00000	−242	1,00000	−288	−0,5
−0,4	0,99838	−162	0,99800	−200	0,99758	−242	0,99712	−288	−0,4
−0,3	0,99676	−162	0,99600	−200	0,99516	−242	0,99424	−288	−0,3
−0,2	0,99514	−162	0,99400	−200	0,99274	−242	0,99136	−288	−0,2
−0,1	0,99352	−162	0,99200	−200	0,99032	−242	0,98848	−288	−0,1
0,0	0,99190	−162	0,99000	−200	0,98790	−242	0,98560	−288	0,0
0,1	0,99028	−162	0,98800	−200	0,98548	−242	0,98272	−288	0,1
0,2	0,98866	−162	0,98600	−200	0,98306	−242	0,97984	−288	0,2
0,3	0,98704	−162	0,98400	−200	0,98064	−242	0,97696	−288	0,3
0,4	0,98542	−162	0,98200	−200	0,97822	−242	0,97408	−288	0,4
0,5	0,98380	−162	0,98000	−200	0,97580	−242	0,97120	−288	0,5
0,6	0,98218	−162	0,97800	−200	0,97338	−242	0,96832	−287	0,6
0,7	0,98056	−162	0,97600	−200	0,97096	−241	0,96545	−288	0,7
0,8	0,97894	−162	0,97400	−200	0,96855	−242	0,96257	−288	0,8
0,9	0,97732	−162	0,97200	−200	0,96613	−242	0,95969	−288	0,9
1,0	0,97570		0,97000		0,96371		0,95681		1,0
	$\Theta = 61° 7,29'$		$\Theta = 63° 36,45'$		$\Theta = 65° 51,96'$		$\Theta = 67° 55,54'$		

z	$q=0,13$	Δ	$q=0,14$	Δ	$q=0,15$	Δ	$q=0,16$	Δ	z
−1,0	1,01690	−338	1,01961	−393	1,02251	−450	1,02562	−513	−1,0
−0,9	1,01352	−338	1,01568	−392	1,01801	−451	1,02049	−513	−0,9
−0,8	1,01014	−338	1,01176	−392	1,01350	−451	1,01536	−513	−0,8
−0,7	1,00676	−338	1,00784	−393	1,00899	−450	1,01023	−512	−0,7
−0,6	1,00338	−338	1,00391	−392	1,00449	−450	1,00511	−513	−0,6
−0,5	1,00000	−339	0,99999	−392	0,99999	−450	0,99998	−512	−0,5
−0,4	0,99661	−338	0,99607	−392	0,99549	−450	0,99486	−512	−0,4
−0,3	0,99323	−338	0,99215	−392	0,99099	−450	0,98974	−512	−0,3
−0,2	0,98985	−338	0,98823	−392	0,98649	−450	0,98462	−512	−0,2
−0,1	0,98647	−337	0,98431	−392	0,98199	−450	0,97950	−512	−0,1
0,0	0,98310	−338	0,98039	−392	0,97749	−450	0,97438	−511	0,0
0,1	0,97972	−338	0,97647	−391	0,97299	−450	0,96927	−512	0,1
0,2	0,97634	−338	0,97256	−392	0,96849	−449	0,96415	−511	0,2
0,3	0,97296	−338	0,96864	−392	0,96400	−449	0,95904	−511	0,3
0,4	0,96958	−338	0,96472	−391	0,95951	−450	0,95393	−511	0,4
0,5	0,96620	−337	0,96081	−392	0,95501	−449	0,94882	−511	0,5
0,6	0,96283	−338	0,95689	−391	0,95052	−449	0,94371	−511	0,6
0,7	0,95945	−337	0,95298	−392	0,94603	−449	0,93860	−511	0,7
0,8	0,95608	−338	0,94906	−391	0,94154	−449	0,93349	−510	0,8
0,9	0,95270	−338	0,94515	−391	0,93705	−449	0,92839	−511	0,9
1,0	0,94932		0,94124		0,93256		0,92328		1,0
	$\Theta = 69° 48,57'$		$\Theta = 71° 32,19'$		$\Theta = 73° 7,35'$		$\Theta = 74° 34,86'$		

z	q=0,17	Δ	q=0,18	Δ	q=0,19	Δ	q=0,20	Δ	z
-1,0	1,02892	-579	1,03243	-650	1,03615	-725	1,04006	-803	-1,0
-0,9	1,02313	-579	1,02593	-649	1,02890	-724	1,03203	-803	-0,9
-0,8	1,01734	-579	1,01944	-649	1,02166	-724	1,02400	-803	-0,8
-0,7	1,01155	-579	1,01295	-650	1,01442	-724	1,01597	-802	-0,7
-0,6	1,00576	-578	1,00645	-648	1,00718	-723	1,00795	-801	-0,6
-0,5	0,99998	-579	0,99997	-649	0,99995	-722	0,99994	-801	-0,5
-0,4	0,99419	-578	0,99348	-648	0,99273	-723	0,99193	-801	-0,4
-0,3	0,98841	-578	0,98700	-648	0,98550	-722	0,98392	-800	-0,3
-0,2	0,98263	-578	0,98052	-648	0,97828	-721	0,97592	-799	-0,2
-0,1	0,97685	-577	0,97404	-647	0,97107	-722	0,96793	-799	-0,1
0,0	0,97108	-578	0,96757	-648	0,96385	-721	0,95994	-799	0,0
0,1	0,96530	-577	0,96109	-646	0,95664	-720	0,95195	-798	0,1
0,2	0,95953	-577	0,95463	-647	0,94944	-720	0,94397	-797	0,2
0,3	0,95376	-577	0,94816	-647	0,94224	-720	0,93600	-797	0,3
0,4	0,94799	-577	0,94169	-646	0,93504	-719	0,92803	-797	0,4
0,5	0,94222	-576	0,93523	-645	0,92785	-719	0,92006	-796	0,5
0,6	0,93646	-576	0,92878	-646	0,92066	-719	0,91210	-795	0,6
0,7	0,93070	-576	0,92232	-645	0,91347	-718	0,90415	-795	0,7
0,8	0,92494	-576	0,91587	-645	0,90629	-718	0,89620	-794	0,8
0,9	0,91918	-576	0,90942	-645	0,89911	-717	0,88826	-794	0,9
1,0	0,91342		0,90297		0,89194		0,88032		1,0
	$\Theta = 75° 55,42'$		$\Theta = 77° 9,63$		$\Theta = 78° 18,02'$		$\Theta = 79° 21,06'$		

z	q=0,21	Δ	q=0,22	Δ	q=0,23	Δ	q=0,24	Δ	z
-1,0	1,04419	-887	1,04851	-974	1,05305	-1066	1,05779	-1163	-1,0
-0,9	1,03532	-886	1,03877	-973	1,04239	-1066	1,04616	-1161	-0,9
-0,8	1,02646	-886	1,02904	-973	1,03173	-1064	1,03455	-1159	-0,8
-0,7	1,01760	-885	1,01931	-972	1,02109	-1062	1,02296	-1159	-0,7
-0,6	1,00875	-884	1,00959	-970	1,01047	-1062	1,01137	-1156	-0,6
-0,5	0,99991	-883	0,99989	-970	0,99985	-1060	0,99981	-1155	-0,5
-0,4	0,99108	-883	0,99019	-969	0,98925	-1059	0,98826	-1154	-0,4
-0,3	0,98225	-882	0,98050	-968	0,97866	-1058	0,97672	-1152	-0,3
-0,2	0,97343	-881	0,97082	-967	0,96808	-1057	0,96520	-1150	-0,2
-0,1	0,96462	-881	0,96115	-966	0,95751	-1056	0,95370	-1149	-0,1
0,0	0,95581	-880	0,95149	-966	0,94695	-1054	0,94221	-1148	0,0
0,1	0,94701	-879	0,94183	-964	0,93641	-1054	0,93073	-1145	0,1
0,2	0,93822	-878	0,93219	-963	0,92587	-1052	0,91928	-1145	0,2
0,3	0,92944	-878	0,92256	-963	0,91535	-1050	0,90783	-1143	0,3
0,4	0,92066	-877	0,91293	-962	0,90485	-1050	0,89640	-1141	0,4
0,5	0,91189	-877	0,90331	-960	0,89435	-1049	0,88499	-1140	0,5
0,6	0,90312	-876	0,89371	-960	0,88386	-1047	0,87359	-1138	0,6
0,7	0,89436	-875	0,88411	-959	0,87339	-1046	0,86221	-1137	0,7
0,8	0,88561	-874	0,87452	-958	0,86293	-1045	0,85084	-1135	0,8
0,9	0,87687	-874	0,86494	-957	0,85248	-1044	0,83949	-1133	0,9
1,0	0,86813		0,85537		0,84204		0,82816		1,0
	$\Theta = 80° 19,17'$		$\Theta = 81° 12,72'$		$\Theta = 82° 2,05'$		$\Theta = 82° 47,47'$		

$$\bar{G}(q, z)$$

z	q=0,25	Δ	q=0,26	Δ	q=0,27	Δ	q=0,28	Δ	z
-1,0	1,06274	-1263	1,06791	-1369	1,07329	-1480	1,07888	-1595	-1,0
-0,9	1,05011	-1262	1,05422	-1367	1,05849	-1477	1,06293	-1591	-0,9
-0,8	1,03749	-1260	1,04055	-1365	1,04372	-1473	1,04702	-1587	-0,8
-0,7	1,02489	-1258	1,02690	-1361	1,02899	-1470	1,03115	-1584	-0,7
-0,6	1,01231	-1255	1,01329	-1360	1,01429	-1468	1,01531	-1579	-0,6
-0,5	0,99976	-1254	0,99969	-1357	0,99961	-1464	0,99952	-1576	-0,5
-0,4	0,98722	-1252	0,98612	-1354	0,98497	-1461	0,98376	-1572	-0,4
-0,3	0,97470	-1250	0,97258	-1352	0,97036	-1458	0,96804	-1568	-0,3
-0,2	0,96220	-1248	0,95906	-1350	0,95578	-1455	0,95236	-1564	-0,2
-0,1	0,94972	-1246	0,94556	-1347	0,94123	-1452	0,93672	-1560	-0,1
0,0	0,93726	-1245	0,93209	-1344	0,92671	-1448	0,92112	-1557	0,0
0,1	0,92481	-1242	0,91865	-1343	0,91223	-1446	0,90555	-1552	0,1
0,2	0,91239	-1240	0,90522	-1339	0,89777	-1443	0,89003	-1549	0,2
0,3	0,89999	-1238	0,89183	-1337	0,88334	-1439	0,87454	-1545	0,3
0,4	0,88761	-1237	0,87846	-1335	0,86895	-1436	0,85909	-1541	0,4
0,5	0,87524	-1234	0,86511	-1332	0,85459	-1433	0,84368	-1537	0,5
0,6	0,86290	-1232	0,85179	-1330	0,84026	-1431	0,82831	-1533	0,6
0,7	0,85058	-1231	0,83849	-1327	0,82595	-1427	0,81298	-1530	0,7
0,8	0,83827	-1228	0,82522	-1325	0,81168	-1424	0,79768	-1525	0,8
0,9	0,82599	-1227	0,81197	-1323	0,79744	-1420	0,78243	-152	0,9
1,0	0,81372		0,79874		0,78324		0,76721		1,0

	Θ = 83° 29,25′	Θ = 84° 7,65′	Θ = 84° 42,90′	Θ = 85° 15,23′	

z	q=0,29	Δ	q=0,30	Δ	q=0,31	Δ	q=0,32	Δ	z
-1,0	1,08470	-1716	1,09073	-1841	1,09699	-1972	1,10347	-2108	-1,0
-0,9	1,06754	-1710	1,07232	-1835	1,07727	-1965	1,08239	-2099	-0,9
-0,8	1,05044	-1706	1,05397	-1829	1,05762	-1957	1,06140	-2091	-0,8
-0,7	1,03338	-1701	1,03568	-1823	1,03805	-1951	1,04049	-2083	-0,7
-0,6	1,01637	-1697	1,01745	-1818	1,01854	-1943	1,01966	-2073	-0,6
-0,5	0,99940	-1691	0,99927	-1812	0,99911	-1936	0,99893	-2066	-0,5
-0,4	0,98249	-1687	0,98115	-1805	0,97975	-1929	0,97827	-2056	-0,4
-0,3	0,96562	-1682	0,96310	-1800	0,96046	-1922	0,95771	-2048	-0,3
-0,2	0,94880	-1677	0,94510	-1795	0,94124	-1915	0,93723	-2039	-0,2
-0,1	0,93203	-1672	0,92715	-1788	0,92209	-1908	0,91684	-2031	-0,1
0,0	0,91531	-1668	0,90927	-1782	0,90301	-1900	0,89653	-2022	0,0
0,1	0,89863	-1663	0,89145	-1777	0,88401	-1894	0,87631	-2014	0,1
0,2	0,88200	-1658	0,87368	-1771	0,86507	-1886	0,85617	-2005	0,2
0,3	0,86542	-1654	0,85597	-1765	0,84621	-1880	0,83612	-1997	0,3
0,4	0,84888	-1648	0,83832	-1759	0,82741	-1872	0,81615	-1988	0,4
0,5	0,83240	-1644	0,82073	-1753	0,80869	-1865	0,79627	-1979	0,5
0,6	0,81596	-1640	0,80320	-1748	0,79004	-1859	0,77648	-1971	0,6
0,7	0,79956	-1634	0,78572	-1742	0,77145	-1851	0,75677	-1962	0,7
0,8	0,78322	-1630	0,76830	-1736	0,75294	-1844	0,73715	-1954	0,8
0,9	0,76692	-1625	0,75094	-1730	0,73450	-1837	0,71761	-1945	0,9
1,0	0,75067		0,73364		0,71613		0,69816		1,0

	Θ = 85° 44,84′	Θ = 86° 11,91′	Θ = 86° 36,62′	Θ = 86° 59,14′	

z	q=0,33	Δ	Δ²	q=0,34	Δ	Δ²	q=0,35	Δ	Δ²	z
-1,0	1,11019	-2250	10	1,11715	-2399	12	1,12434	-2553	15	-1,0
-0,9	1,08769	-2240	10	1,09316	-2386	13	1,09881	-2539	14	-0,9
-0,8	1,06529	-2230	10	1,06930	-2374	12	1,07342	-2523	16	-0,8
-0,7	1,04299	-2219	11	1,04556	-2362	12	1,04819	-2509	14	-0,7
-0,6	1,02080	-2209	10	1,02194	-2349	13	1,02310	-2494	15	-0,6
-0,5	0,99871	-2199	10	0,99845	-2336	13	0,99816	-2479	15	-0,5
-0,4	0,97672	-2188	11	0,97509	-2325	11	0,97337	-2465	14	-0,4
-0,3	0,95484	-2178	10	0,95184	-2312	13	0,94872	-2450	15	-0,3
-0,2	0,93306	-2168	10	0,92872	-2299	13	0,92422	-2435	15	-0,2
-0,1	0,91138	-2157	11	0,90573	-2287	12	0,89987	-2420	15	-0,1
0,0	0,88981	-2147	10	0,88286	-2275	12	0,87567	-2406	14	0,0
0,1	0,86834	-2137	10	0,86011	-2263	12	0,85161	-2391	15	0,1
0,2	0,84697	-2126	11	0,83748	-2250	13	0,82770	-2377	14	0,2
0,3	0,82571	-2116	10	0,81498	-2238	12	0,80393	-2362	15	0,3
0,4	0,80455	-2106	10	0,79260	-2225	13	0,78031	-2347	15	0,4
0,5	0,78349	-2095	11	0,77035	-2214	11	0,75684	-2332	15	0,5
0,6	0,76254	-2085	10	0,74821	-2201	13	0,73352	-2318	14	0,6
0,7	0,74169	-2075	10	0,72620	-2188	13	0,71034	-2304	14	0,7
0,8	0,72094	-2065	10	0,70432	-2177	11	0,68730	-2289	15	0,8
0,9	0,70029	-2054	11	0,68255	-2164	13	0,66441	-2274	15	0,9
1,0	0,67975		10	0,66091		12	0,64167		15	1,0

$$\Theta = 87^\circ\ 19{,}62' \qquad \Theta = 87^\circ\ 38{,}20' \qquad \Theta = 87^\circ\ 55{,}02'$$

z	q=0,36	Δ	Δ²	q=0,37	Δ	Δ²	q=0,38	Δ	Δ²	z
-1,0	1,13178	-2714	18	1,13947	-2882	21	1,14742	-3058	24	-1,0
-0,9	1,10464	-2697	17	1,11065	-2862	20	1,11684	-3033	25	-0,9
-0,8	1,07767	-2679	18	1,08203	-2841	21	1,08651	-3008	25	-0,8
-0,7	1,05088	-2662	17	1,05362	-2820	21	1,05643	-2985	23	-0,7
-0,6	1,02426	-2644	18	1,02542	-2799	21	1,02658	-2960	25	-0,6
-0,5	0,99782	-2627	17	0,99743	-2779	20	0,99698	-2936	24	-0,5
-0,4	0,97155	-2609	18	0,96964	-2758	21	0,96762	-2912	24	-0,4
-0,3	0,94546	-2592	17	0,94206	-2738	20	0,93850	-2887	25	-0,3
-0,2	0,91954	-2574	18	0,91468	-2717	21	0,90963	-2864	23	-0,2
-0,1	0,89380	-2557	17	0,88751	-2697	20	0,88099	-2839	25	-0,1
0,0	0,86823	-2540	17	0,86054	-2676	21	0,85260	-2816	23	0,0
0,1	0,84283	-2522	18	0,83378	-2656	20	0,82444	-2791	25	0,1
0,2	0,81761	-2505	17	0,80722	-2635	21	0,79653	-2768	23	0,2
0,3	0,79256	-2488	17	0,78087	-2615	20	0,76885	-2743	25	0,3
0,4	0,76768	-2470	18	0,75472	-2595	20	0,74142	-2720	23	0,4
0,5	0,74298	-2453	17	0,72877	-2574	21	0,71422	-2696	24	0,5
0,6	0,71845	-2436	17	0,70303	-2554	20	0,68726	-2672	24	0,6
0,7	0,69409	-2418	18	0,67749	-2534	20	0,66054	-2649	23	0,7
0,8	0,66991	-2402	16	0,65215	-2513	21	0,63405	-2625	24	0,8
0,9	0,64589	-2384	18	0,62702	-2494	19	0,60780	-2601	24	0,9
1,0	0,62205		17	0,60208		20	0,58179		24	1,0

$$\Theta = 88^\circ\ 10{,}21' \qquad \Theta = 88^\circ\ 23{,}89' \qquad \Theta = 88^\circ\ 36{,}18'$$

z	q=0,39	Δ	Δ²	q=0,40	Δ	Δ²	q=0,41	Δ	Δ²	z
-1,0	1,15563	-3240	29	1,16411	-3431	33	1,17287	-3630	39	-1,0
-0,9	1,12323	-3212	28	1,12980	-3397	34	1,13657	-3592	38	-0,9
-0,8	1,09111	-3183	29	1,09583	-3365	32	1,10065	-3552	40	-0,8
-0,7	1,05928	-3155	28	1,06218	-3331	34	1,06513	-3515	37	-0,7
-0,6	1,02773	-3126	29	1,02887	-3298	33	1,02998	-3475	40	-0,6
-0,5	0,99647	-3098	28	0,99589	-3265	33	0,99523	-3438	37	-0,5
-0,4	0,96549	-3070	28	0,96324	-3232	33	0,96085	-3399	39	-0,4
-0,3	0,93479	-3041	29	0,93092	-3200	32	0,92686	-3361	38	-0,3
-0,2	0,90438	-3013	28	0,89892	-3166	34	0,89325	-3323	38	-0,2
-0,1	0,87425	-2986	27	0,86726	-3134	32	0,86002	-3285	38	-0,1
0,0	0,84439	-2957	29	0,83592	-3101	33	0,82717	-3247	38	0,0
0,1	0,81482	-2929	28	0,80491	-3069	32	0,79470	-3209	38	0,1
0,2	0,78553	-2901	28	0,77422	-3036	33	0,76261	-3172	37	0,2
0,3	0,75652	-2873	28	0,74386	-3003	33	0,73089	-3135	37	0,3
0,4	0,72779	-2846	27	0,71383	-2972	31	0,69954	-3097	38	0,4
0,5	0,69933	-2818	28	0,68411	-2939	33	0,66857	-3059	38	0,5
0,6	0,67115	-2790	28	0,65472	-2907	32	0,63798	-3023	36	0,6
0,7	0,64325	-2762	28	0,62565	-2875	32	0,60775	-2986	37	0,7
0,8	0,61563	-2735	27	0,59690	-2843	32	0,57789	-2948	38	0,8
0,9	0,58828	-2707	28	0,56847	-2811	32	0,54841	-2912	36	0,9
1,0	0,56121		28	0,54036		32	0,51929		37	1,0

$$\Theta = 88° \; 47,18' \qquad \Theta = 88° \; 57,00' \qquad \Theta = 89° \; 5,73'$$

z	q=0,42	Δ	Δ²	q=0,43	Δ	Δ²	q=0,44	Δ	Δ²	z
-1,0	1,18192	-3839	45	1,19126	-4056	52	1,20091	-4284	60	-1,0
-0,9	1,14353	-3793	46	1,15070	-4004	52	1,15807	-4224	60	-0,9
-0,8	1,10560	-3749	44	1,11066	-3952	52	1,11583	-4164	60	-0,8
-0,7	1,06811	-3704	45	1,07114	-3901	51	1,07419	-4104	60	-0,7
-0,6	1,03107	-3659	45	1,03213	-3849	52	1,03315	-4046	58	-0,6
-0,5	0,99448	-3615	44	0,99364	-3798	51	0,99269	-3987	59	-0,5
-0,4	0,95833	-3571	44	0,95566	-3747	51	0,95282	-3928	59	-0,4
-0,3	0,92262	-3526	45	0,91819	-3696	51	0,91354	-3869	59	-0,3
-0,2	0,88736	-3483	43	0,88123	-3646	50	0,87485	-3812	57	-0,2
-0,1	0,85253	-3439	44	0,84477	-3595	51	0,83673	-3753	59	-0,1
0,0	0,81814	-3395	44	0,80882	-3545	50	0,79920	-3696	57	0,0
0,1	0,78419	-3352	43	0,77337	-3495	50	0,76224	-3639	57	0,1
0,2	0,75067	-3308	44	0,73842	-3445	50	0,72585	-3581	58	0,2
0,3	0,71759	-3265	43	0,70397	-3395	50	0,69004	-3525	56	0,3
0,4	0,68494	-3222	43	0,67002	-3346	49	0,65479	-3468	57	0,4
0,5	0,65272	-3179	43	0,63656	-3296	50	0,62011	-3412	56	0,5
0,6	0,62093	-3136	43	0,60360	-3248	48	0,58599	-3355	57	0,6
0,7	0,58957	-3094	42	0,57112	-3198	50	0,55244	-3300	55	0,7
0,8	0,55863	-3051	43	0,53914	-3150	48	0,51944	-3244	56	0,8
0,9	0,52812	-3009	42	0,50764	-3101	49	0,48700	-3189	55	0,9
1,0	0,49803		42	0,47663		49	0,45511		55	1,0

$$\Theta = 89° \; 13,46' \qquad \Theta = 89° \; 20,29' \qquad \Theta = 89° \; 26,28'$$

z	q=0,45	Δ	Δ²	q=0,46	Δ	Δ²	q=0,47	Δ	Δ²	z
-1,0	1,21087	-4522	69	1,22116	-4771	79	1,23180	-5034	91	-1,0
-0,9	1,16565	-4453	69	1,17345	-4693	78	1,18146	-4943	91	-0,9
-0,8	1,12112	-4384	69	1,12652	-4614	79	1,13203	-4853	90	-0,8
-0,7	1,07728	-4317	67	1,08038	-4536	78	1,08350	-4764	89	-0,7
-0,6	1,03411	-4248	69	1,03502	-4458	78	1,03586	-4676	88	-0,6
-0,5	0,99163	-4181	67	0,99044	-4382	76	0,98910	-4587	89	-0,5
-0,4	0,94982	-4114	67	0,94662	-4304	78	0,94323	-4500	87	-0,4
-0,3	0,90868	-4047	67	0,90358	-4228	76	0,89823	-4412	88	-0,3
-0,2	0,86821	-3980	67	0,86130	-4152	76	0,85411	-4327	85	-0,2
-0,1	0,82841	-3914	66	0,81978	-4076	76	0,81084	-4240	87	-0,1
0,0	0,78927	-3849	65	0,77902	-4002	74	0,76844	-4155	85	0,0
0,1	0,75078	-3783	66	0,73900	-3927	75	0,72689	-4071	84	0,1
0,2	0,71295	-3717	66	0,69973	-3852	75	0,68618	-3986	85	0,2
0,3	0,67578	-3653	64	0,66121	-3779	73	0,64632	-3903	83	0,3
0,4	0,63925	-3588	65	0,62342	-3706	73	0,60729	-3820	83	0,4
0,5	0,60337	-3524	64	0,58636	-3632	74	0,56909	-3737	83	0,5
0,6	0,56813	-3460	64	0,55004	-3560	72	0,53172	-3655	82	0,6
0,7	0,53353	-3396	64	0,51444	-3488	72	0,49517	-3573	82	0,7
0,8	0,49957	-3333	63	0,47956	-3416	72	0,45944	-3493	80	0,8
0,9	0,46624	-3270	63	0,44540	-3346	70	0,42451	-3412	81	0,9
1,0	0,43354		62	0,41194		70	0,39039		80	1,0

$$\Theta = 89° \ 31{,}53' \qquad \Theta = 89° \ 36{,}10' \qquad \Theta = 89° \ 40{,}06'$$

z	q=0,48	Δ	Δ²	q=0,49	Δ	Δ²	q=0,50	Δ	Δ²	z
-1,0	1,24278	-5308	104	1,25413	-5596	118	1,26587	-5900	134	-1,0
-0,9	1,18970	-5205	103	1,19817	-5479	117	1,20687	-5766	134	-0,9
-0,8	1,13765	-5102	103	1,14338	-5363	116	1,14921	-5633	133	-0,8
-0,7	1,08663	-5001	101	1,08975	-5246	117	1,09288	-5503	130	-0,7
-0,6	1,03662	-4900	101	1,03729	-5132	114	1,03785	-5372	131	-0,6
-0,5	0,98762	-4800	100	0,98597	-5018	114	0,98413	-5243	129	-0,5
-0,4	0,93962	-4700	100	0,93579	-4906	112	0,93170	-5116	127	-0,4
-0,3	0,89262	-4601	99	0,88673	-4793	113	0,88054	-4989	127	-0,3
-0,2	0,84661	-4503	98	0,83880	-4683	110	0,83065	-4864	125	-0,2
-0,1	0,80158	-4406	97	0,79197	-4572	111	0,78201	-4739	125	-0,1
0,0	0,75752	-4309	97	0,74625	-4463	109	0,73462	-4616	123	0,0
0,1	0,71443	-4214	95	0,70162	-4355	108	0,68846	-4495	121	0,1
0,2	0,67229	-4118	96	0,65807	-4247	108	0,64351	-4374	121	0,2
0,3	0,63111	-4023	95	0,61560	-4141	106	0,59977	-4254	120	0,3
0,4	0,59088	-3930	93	0,57419	-4036	105	0,55723	-4136	118	0,4
0,5	0,55158	-3837	93	0,53383	-3931	105	0,51587	-4019	117	0,5
0,6	0,51321	-3744	93	0,49452	-3827	104	0,47568	-3903	116	0,6
0,7	0,47577	-3653	91	0,45625	-3724	103	0,43665	-3787	116	0,7
0,8	0,43924	-3562	91	0,41901	-3623	101	0,39878	-3674	113	0,8
0,9	0,40362	-3471	91	0,38278	-3521	102	0,36204	-3562	112	0,9
1,0	0,36891		90	0,34757		101	0,32642		112	1,0

$$\Theta = 89° \ 43{,}47' \qquad \Theta = 89° \ 46{,}39' \qquad \Theta = 89° \ 48{,}87'$$

6*

z	q=0,01	Δ	q=0,02	Δ	q=0,03	Δ	q=0,04	Δ	z
-1,0	0,98000	200	0,96000	400	0,94000	600	0,92001	799	-1,0
-0,9	0,98200	200	0,96400	400	0,94600	600	0,92800	800	-0,9
-0,8	0,98400	200	0,96800	400	0,95200	600	0,93600	800	-0,8
-0,7	0,98600	200	0,97200	400	0,95800	600	0,94400	800	-0,7
-0,6	0,98800	200	0,97600	400	0,96400	600	0,95200	800	-0,6
-0,5	0,99000	200	0,98000	400	0,97000	600	0,96000	800	-0,5
-0,4	0,99200	200	0,98400	400	0,97600	600	0,96800	800	-0,4
-0,3	0,99400	200	0,98800	400	0,98200	600	0,97600	800	-0,3
-0,2	0,99600	200	0,99200	400	0,98800	600	0,98400	799	-0,2
-0,1	0,99800	200	0,99600	400	0,99400	600	0,99199	800	-0,1
0,0	1,00000	200	1,00000	400	1,00000	600	0,99999	800	0,0
0,1	1,00200	200	1,00400	400	1,00600	600	1,00799	801	0,1
0,2	1,00400	200	1,00800	400	1,01200	600	1,01600	800	0,2
0,3	1,00600	200	1,01200	400	1,01800	600	1,02400	800	0,3
0,4	1,00800	200	1,01600	400	1,02400	600	1,03200	800	0,4
0,5	1,01000	200	1,02000	400	1,03000	600	1,04000	800	0,5
0,6	1,01200	200	1,02400	400	1,03600	600	1,04800	800	0,6
0,7	1,01400	200	1,02800	400	1,04200	600	1,05600	800	0,7
0,8	1,01600	200	1,03200	400	1,04800	600	1,06400	800	0,8
0,9	1,01800	200	1,03600	400	1,05400	600	1,07200	801	0,9
1,0	1,02000		1,04000		1,06000		1,08001		1,0

$\Theta = 22° 36,93'$ $\Theta = 31° 33,74'$ $\Theta = 38° 8,97'$ $\Theta = 43° 28,61'$

z	q=0,05	Δ	q=0,06	Δ	q=0,07	Δ	q=0,08	Δ	z
-1,0	0,90001	1000	0,88003	1199	0,86005	1398	0,84008	1597	-1,0
-0,9	0,91001	999	0,89202	1199	0,87403	1398	0,85605	1597	-0,9
-0,8	0,92000	1000	0,90401	1199	0,88801	1399	0,87202	1598	-0,8
-0,7	0,93000	1000	0,91600	1199	0,90200	1399	0,88800	1598	-0,7
-0,6	0,94000	999	0,92799	1200	0,91599	1399	0,90398	1598	-0,6
-0,5	0,94999	1000	0,93999	1199	0,92998	1399	0,91996	1598	-0,5
-0,4	0,95999	1000	0,95198	1200	0,94397	1399	0,93594	1599	-0,4
-0,3	0,96999	1000	0,96398	1200	0,95796	1400	0,95193	1599	-0,3
-0,2	0,97999	1000	0,97598	1199	0,97196	1400	0,96792	1600	-0,2
-0,1	0,98999	1000	0,98797	1200	0,98595	1400	0,98392	1600	-0,1
0,0	0,99999	1000	0,99997	1200	0,99995	1400	0,99992	1600	0,0
0,1	1,00999	1000	1,01197	1201	1,01395	1401	1,01592	1600	0,1
0,2	1,01999	1000	1,02398	1200	1,02796	1400	1,03192	1601	0,2
0,3	1,02999	1000	1,03598	1200	1,04196	1401	1,04793	1601	0,3
0,4	1,03999	1000	1,04798	1201	1,05597	1401	1,06394	1602	0,4
0,5	1,04999	1001	1,05999	1200	1,06998	1401	1,07996	1602	0,5
0,6	1,06000	1000	1,07199	1201	1,08399	1401	1,09598	1602	0,6
0,7	1,07000	1000	1,08400	1201	1,09800	1401	1,11200	1602	0,7
0,8	1,08000	1001	1,09601	1201	1,11201	1402	1,12802	1603	0,8
0,9	1,09001	1000	1,10802	1201	1,12603	1402	1,14405	1603	0,9
1,0	1,10001		1,12003		1,14005		1,16008		1,0

$\Theta = 47° 58,64'$ $\Theta = 51° 52,61'$ $\Theta = 55° 18,69'$ $\Theta = 58° 22,31'$

z	$q=0,09$	Δ	$q=0,10$	Δ	$q=0,11$	Δ	$q=0,12$	Δ	z
−1,0	0,82013	1795	0,80020	1992	0,78029	2189	0,76041	2385	−1,0
−0,9	0,83808	1796	0,82012	1994	0,80218	2190	0,78426	2386	−0,9
−0,8	0,85604	1796	0,84006	1994	0,82408	2191	0,80812	2387	−0,8
−0,7	0,87400	1796	0,86000	1994	0,84599	2193	0,83199	2389	−0,7
−0,6	0,89196	1797	0,87994	1996	0,86792	2193	0,85588	2391	−0,6
−0,5	0,90993	1798	0,89990	1996	0,88985	2195	0,87979	2393	−0,5
−,04	0,92791	1798	0,91986	1998	0,91180	2196	0,90372	2394	−0,4
−0,3	0,94589	1799	0,93984	1998	0,93376	2197	0,92766	2396	−0,3
−0,2	0,96388	1799	0,95982	1998	0,95573	2198	0,95162	2397	−0,2
−0,1	0,98187	1800	0,97980	2000	0,97771	2200	0,97559	2400	−0,1
0,0	0,99987	1800	0,99980	2000	0,99971	2200	0,99959	2400	0,0
0,1	1,01787	1801	1,01980	2002	1,02171	2202	1,02359	2403	0,1
0,2	1,03588	1801	1,03982	2002	1,04373	2203	1,04762	2404	0,2
0,3	1,05389	1802	1,05984	2002	1,06576	2204	1,07166	2406	0,3
0,4	1,07191	1802	1,07986	2004	1,08780	2205	1,09572	2407	0,4
0,5	1,08993	1803	1,09990	2004	1,10985	2207	1,11979	2409	0,5
0,6	1,10796	1804	1,11994	2006	1,13192	2207	1,14388	2411	0,6
0,7	1,12600	1804	1,14000	2006	1,15399	2209	1,16799	2413	0,7
0,8	1,14404	1804	1,16006	2006	1,17608	2210	1,19212	2414	0,8
0,9	1,16208	1805	1,18012	2008	1,19818	2211	1,21626	2415	0,9
1,0	1,18013		1,20020		1,22029		1,24041		1,0
	$\Theta = 61° 7,29'$		$\Theta = 63° 36,45'$		$\Theta = 65° 51,96'$		$\Theta = 67° 55,54'$		

z	$q=0,13$	Δ	$q=0,14$	Δ	$q=0,15$	Δ	$q=0,16$	Δ	z
−1,0	0,74057	2578	0,72077	2771	0,70101	2962	0,68131	3150	−1,0
−0,9	0,76635	2581	0,74848	2774	0,73063	2965	0,71281	3156	−0,9
−0,8	0,79216	2583	0,77622	2776	0,76028	2970	0,74437	3160	−0,8
−0,7	0,81799	2585	0,80398	2780	0,78998	2974	0,77597	3166	−0,7
−0,6	0,84384	2587	0,83178	2784	0,81972	2977	0,80763	3171	−0,6
−0,5	0,86971	2590	0,85962	2786	0,84949	2982	0,83934	3177	−0,5
−0,4	0,89561	2592	0,88748	2789	0,87931	2986	0,87111	3182	−0,4
−0,3	0,92153	2594	0,91537	2792	0,90917	2990	0,90293	3186	−0,3
−0,2	0,94747	2597	0,94329	2796	0,93907	2994	0,93479	3193	−0,2
−0,1	0,97344	2599	0,97125	2798	0,96901	2998	0,96672	3197	−0,1
0,0	0,99943	2601	0,99923	2802	0,99899	3002	0,99869	3203	0,0
0,1	1,02544	2603	1,02725	2804	1,02901	3006	1,03072	3207	0,1
0,2	1,05147	2606	1,05529	2808	1,05907	3010	1,06279	3214	0,2
0,3	1,07753	2608	1,08337	2811	1,08917	3014	1,09493	3218	0,3
0,4	1,10361	2610	1,11148	2814	1,11931	3018	1,12711	3223	0,4
0,5	1,12971	2613	1,13962	2816	1,14949	3023	1,15934	3229	0,5
0,6	1,15584	2615	1,16778	2820	1,17972	3026	1,19163	3234	0,6
0,7	1,18199	2617	1,19598	2824	1,20998	3030	1,22397	3240	0,7
0,8	1,20816	2619	1,22422	2826	1,24028	3035	1,25637	3244	0,8
0,9	1,23435	2622	1,25248	2829	1,27063	3038	1,28881	3250	0,9
1,0	1,26057		1,28077		1,30101		1,32131		1,0
	$\Theta = 69° 48,57'$		$\Theta = 71° 32,19'$		$\Theta = 73° 7,35'$		$\Theta = 74° 34,86'$		

$$\overline{H}(q, z)$$

z	q=0,17	Δ	q=0,18	Δ	q=0,19	Δ	q=0,20	Δ	z
-1,0	0,66167	3337	0,64210	3520	0,62261	3701	0,60320	3878	-1,0
-0,9	0,69504	3343	0,67730	3529	0,65962	3711	0,64198	3892	-0,9
-0,8	0,72847	3350	0,71259	3537	0,69673	3722	0,68090	3904	-0,8
-0,7	0,76197	3356	0,74796	3545	0,73395	3732	0,71994	3916	-0,7
-0,6	0,79553	3364	0,78341	3554	0,77127	3743	0,75910	3930	-0,6
-0,5	0,82917	3369	0,81895	3562	0,80870	3753	0,79840	3942	-0,5
-0,4	0,86286	3377	0,85457	3571	0,84623	3763	0,83782	3956	-0,4
-0,3	0,89663	3383	0,89028	3579	0,88386	3774	0,87738	3968	-0,3
-0,2	0,93046	3390	0,92607	3587	0,92160	3785	0,91706	3980	-0,2
-0,1	0,96436	3397	0,96194	3596	0,95945	3794	0,95686	3994	-0,1
0,0	0,99833	3403	0,99790	3604	0,99739	3806	0,99680	4006	0,0
0,1	1,03236	3410	1,03394	3613	1,03545	3815	1,03686	4020	0,1
0,2	1,06646	3417	1,07007	3621	1,07360	3826	1,07706	4032	0,2
0,3	1,10063	3423	1,10628	3629	1,11186	3837	1,11738	4044	0,3
0,4	1,13486	3430	1,14257	3638	1,15023	3847	1,15782	4058	0,4
0,5	1,16916	3437	1,17895	3646	1,18870	3857	1,19840	4070	0,5
0,6	1,20353	3444	1,21541	3655	1,22727	3868	1,23910	4084	0,6
0,7	1,23797	3450	1,25196	3663	1,26595	3878	1,27994	4096	0,7
0,8	1,27247	3457	1,28859	3671	1,30473	3889	1,32090	4108	0,8
0,9	1,30704	3463	1,32530	3680	1,34362	3899	1,36198	4122	0,9
1,0	1,34167		1,36210		1,38261		1,40320		1,0
	$\Theta = 75° 55,42'$		$\Theta = 77° 9,63'$		$\Theta = 78° 18,02'$		$\Theta = 79° 21,06'$		

z	q=0,21	Δ	q=0,22	Δ	q=0,23	Δ	q=0,24	Δ	z
-1,0	0,58389	4052	0,56468	4222	0,54559	4388	0,52663	4548	-1,0
-0,9	0,62441	4068	0,60690	4241	0,58947	4410	0,57211	4575	-0,9
-0,8	0,66509	4083	0,64931	4260	0,63357	4432	0,61786	4601	-0,8
-0,7	0,70592	4099	0,69191	4278	0,67789	4455	0,66387	4628	-0,7
-0,6	0,74691	4115	0,73469	4297	0,72244	4477	0,71015	4654	-0,6
-0,5	0,78806	4130	0,77766	4316	0,76721	4499	0,75669	4680	-0,5
-0,4	0,82936	4145	0,82082	4334	0,81220	4521	0,80349	4707	-0,4
-0,3	0,87081	4161	0,86416	4353	0,85741	4544	0,85056	4734	-0,3
-0,2	0,91242	4177	0,90769	4372	0,90285	4567	0,89790	4760	-0,2
-0,1	0,95419	4192	0,95141	4390	0,94852	4588	0,94550	4786	-0,1
0,0	0,99611	4208	0,99531	4410	0,99440	4611	0,99336	4814	0,0
0,1	1,03819	4223	1,03941	4428	1,04051	4634	1,04150	4839	0,1
0,2	1,08042	4239	1,08369	4447	1,08685	4656	1,08989	4866	0,2
0,3	1,12281	4254	1,12816	4465	1,13341	4678	1,13855	4893	0,3
0,4	1,16535	4270	1,17281	4485	1,18019	4701	1,18748	4920	0,4
0,5	1,20805	4286	1,21766	4503	1,22720	4723	1,23668	4946	0,5
0,6	1,25091	4301	1,26269	4521	1,27443	4746	1,28614	4972	0,6
0,7	1,29392	4317	1,30790	4541	1,32189	4768	1,33586	5000	0,7
0,8	1,33709	4332	1,35331	4560	1,36957	4790	1,38586	5026	0,8
0,9	1,38041	4348	1,39891	4578	1,41747	4813	1,43612	5052	0,9
1,0	1,42389		1,44469		1,46560		1,48664		1,0
	$\Theta = 80° 19,17'$		$\Theta= 81° 12,72'$		$\Theta=82° 2,05'$		$\Theta = 82° 47,47'$		

z	$q=0,25$	Δ	$q=0,26$	Δ	$q=0,27$	Δ	$q=0,28$	Δ	z
−1,0	0,50780	4704	0,48913	4853	0,47061	4998	0,45227	5135	−1,0
−0,9	0,55484	4735	0,53766	4890	0,52059	5039	0,50362	5183	−0,9
−0,8	0,60219	4766	0,58656	4927	0,57098	5082	0,55545	5232	−0,8
−0,7	0,64985	4797	0,63583	4962	0,62180	5124	0,60777	5281	−0,7
−0,6	0,69782	4828	0,68545	4999	0,67304	5166	0,66058	5329	−0,6
−0,5	0,74610	4859	0,73544	5036	0,72470	5209	0,71387	5379	−0,5
−0,4	0,79469	4891	0,78580	5071	0,77679	5251	0,76766	5428	−0,4
−0,3	0,84360	4922	0,83651	5109	0,82930	5293	0,82194	5476	−0,3
−0,2	0,89282	4953	0,88760	5145	0,88223	5336	0,87670	5526	−0,2
−0,1	0,94235	4984	0,93905	5181	0,93559	5378	0,93196	5575	−0,1
0,0	0,99219	5015	0,99086	5218	0,98937	5421	0,98771	5624	0,0
0,1	1,04234	5047	1,04304	5255	1,04358	5463	1,04395	5673	0,1
0,2	1,09281	5078	1,09559	5291	1,09821	5506	1,10068	5722	0,2
0,3	1,14359	5109	1,14850	5327	1,15327	5549	1,15790	5772	0,3
0,4	1,19468	5141	1,20177	5365	1,20876	5591	1,21562	5821	0,4
0,5	1,24609	5172	1,25542	5401	1,26467	5634	1,27383	5871	0,5
0,6	1,29781	5203	1,30943	5438	1,32101	5677	1,33254	5920	0,6
0,7	1,34984	5234	1,36381	5475	1,37778	5719	1,39174	5969	0,7
0,8	1,40218	5267	1,41856	5511	1,43497	5762	1,45143	6020	0,8
0,9	1,45485	5297	1,47367	5548	1,49259	5805	1,51163	6068	0,9
1,0	1,50782		1,52915		1,55064		1,57231		1,0
	$\Theta=83°\,29,25'$		$\Theta=84°\,7,65'$		$\Theta=84°\,42,90'$		$\Theta=85°\,15,23'$		

z	$q=0,29$	Δ	$q=0,30$	Δ	$q=0,31$	Δ	$q=0,32$	Δ	z
−1,0	0,43412	5264	0,41616	5388	0,39842	5502	0,38090	5609	−1,0
−0,9	0,48676	5321	0,47004	5451	0,45344	5575	0,43699	5691	−0,9
−0,8	0,53997	5377	0,52455	5515	0,50919	5648	0,49390	5773	−0,8
−0,7	0,59374	5433	0,57970	5580	0,56567	5721	0,55163	5856	−0,7
−0,6	0,64807	5489	0,63550	5644	0,62288	5794	0,61019	5939	−0,6
−0,5	0,70296	5545	0,69194	5708	0,68082	5867	0,66958	6023	−0,5
−0,4	0,75841	5601	0,74902	5773	0,73949	5941	0,72981	6105	−0,4
−0,3	0,81442	5658	0,80675	5837	0,79890	6014	0,79086	6189	−0,3
−0,2	0,87100	5715	0,86512	5902	0,85904	6087	0,85275	6272	−0,2
−0,1	0,92815	5770	0,92414	5966	0,91991	6162	0,91547	6356	−0,1
0,0	0,98585	5828	0,98380	6031	0,98153	6235	0,97903	6440	0,0
0,1	1,04413	5884	1,04411	6096	1,04388	6310	1,04343	6524	0,1
0,2	1,10297	5941	1,10507	6161	1,10698	6383	1,10867	6608	0,2
0,3	1,16238	5997	1,16668	6227	1,17081	6458	1,17475	6692	0,3
0,4	1,22235	6055	1,22895	6291	1,23539	6532	1,24167	6777	0,4
0,5	1,28290	6111	1,29186	6357	1,30071	6607	1,30944	6862	0,5
0,6	1,34401	6169	1,35543	6422	1,36678	6681	1,37806	6947	0,6
0,7	1,40570	6225	1,41965	6487	1,43359	6756	1,44753	7032	0,7
0,8	1,46795	6283	1,48452	6553	1,50115	6831	1,51785	7117	0,8
0,9	1,53078	6339	1,55005	6619	1,56946	6906	1,58902	7202	0,9
1,0	1,59417		1,61624		1,63852		1,66104		1,0
	$\Theta=85°\,44,84'$		$\Theta=86°\,11,91'$		$\Theta=86°\,36,62'$		$\Theta=86°\,59,14'$		

z	q=0,33	Δ	Δ²	q=0,34	Δ	Δ²	q=0,35	Δ	Δ²	z
-1,0	0,36363	5706	93	0,34661	5793	104	0,32985	5872	117	-1,0
-0,9	0,42069	5798	92	0,40454	5899	106	0,38857	5989	117	-0,9
-0,8	0,47867	5892	94	0,46353	6002	103	0,44846	6105	116	-0,8
-0,7	0,53759	5986	94	0,52355	6108	106	0,50951	6223	118	-0,7
-0,6	0,59745	6078	92	0,58463	6213	105	0,57174	6341	118	-0,6
-0,5	0,65823	6173	95	0,64676	6318	105	0,63515	6459	118	-0,5
-0,4	0,71996	6266	93	0,70994	6424	106	0,69974	6577	118	-0,4
-,03	0,78262	6361	95	0,77418	6530	106	0,76551	6697	120	-0,3
-0,2	0,84623	6455	94	0,83948	6636	106	0,83248	6815	118	-0,2
-0,1	0,91078	6550	95	0,90584	6743	107	0,90063	6936	121	-,01
0,0	0,97628	6645	95	0,97327	6850	107	0,96999	7055	119	0,0
0,1	1,04273	6740	95	1,04177	6957	107	1,04054	7176	121	0,1
0,2	1,11013	6835	95	1,11134	7065	108	1,11230	7296	120	0,2
0,3	1,17848	6930	95	1,18199	7172	107	1,18526	7418	122	0,3
0,4	1,24778	7027	97	1,25371	7281	109	1,25944	7540	122	0,4
0,5	1,31805	7122	95	1,32652	7388	107	1,33484	7661	121	0,5
0,6	1,38927	7219	97	1,40040	7498	110	1,41145	7783	122	0,6
0,7	1,46146	7315	96	1,47538	7606	108	1,48928	7907	124	0,7
0,8	1,53461	7412	97	1,55144	7716	110	1,56835	8029	122	0,8
0,9	1,60873	7508	96	1,62860	7825	109	1,64864	8153	124	0,9
1,0	1,68381		97	1,70685		110	1,73017		123	1,0

$$\Theta = 87°19,62' \qquad \Theta = 87°38,20' \qquad \Theta = 87°55,02'$$

z	q=0,36	Δ	Δ²	q=0,37	Δ	Δ²	q=0,38	Δ	Δ²	z
-1,0	0,31339	5939	130	0,29722	5996	145	0,28137	6041	160	-1,0
-0,9	0,37278	6070	131	0,35718	6141	145	0,34178	6201	160	-0,9
-0,8	0,43348	6200	130	0,41859	6285	144	0,40379	6362	161	-0,8
-0,7	0,49548	6330	130	0,48144	6431	146	0,46741	6522	160	-0,7
-0,6	0,55878	6463	133	0,54575	6577	146	0,53263	6685	163	-0,6
-0,5	0,62341	6594	131	0,61152	6724	147	0,59948	6847	162	-0,5
-0,4	0,68935	6727	133	0,67876	6871	147	0,66795	7012	165	-0,4
-0,3	0,75662	6859	132	0,74747	7019	148	0,73807	7175	163	-0,3
-0,2	0,82521	6993	134	0,81766	7168	149	0,80982	7341	166	-0,2
-0,1	0,89514	7127	134	0,88934	7318	150	0,88323	7507	166	-0,1
0,0	0,96641	7261	134	0,96252	7467	149	0,95830	7673	166	0,0
0,1	1,03902	7396	135	1,03719	7618	151	1,03503	7842	169	0,1
0,2	1,11298	7531	135	1,11337	7769	151	1,11345	8009	167	0,2
0,3	1,18829	7668	137	1,19106	7921	152	1,19354	8179	170	0,3
0,4	1,26497	7803	135	1,27027	8073	152	1,27533	8349	170	0,4
0,5	1,34300	7940	137	1,35100	8226	153	1,35882	8519	170	0,5
0,6	1,42240	8078	138	1,43326	8380	154	1,44401	8692	173	0,6
0,7	1,50318	8215	137	1,51706	8534	154	1,53093	8863	171	0,7
0,8	1,58533	8354	139	1,60240	8690	156	1,61956	9037	174	0,8
0,9	1,66887	8493	139	1,68930	8844	154	1,70993	9210	173	0,9
1,0	1,75380		139	1,77774		155	1,80203		174	1,0

$$\Theta = 88°10,21' \qquad \Theta = 88°23,89' \qquad \Theta = 88°36,18'$$

z	q=0,39	Δ	Δ²	q=0,40	Δ	Δ²	q=0,41	Δ	Δ²	z
−1,0	0,26585	6075	176	0,25068	6095	194	0,23586	6104	213	−,10
−0,9	0,32660	6250	175	0,31163	6289	194	0,29690	6315	211	−0,9
−0,8	0,38910	6428	178	0,37452	6484	195	0,36005	6530	215	−0,8
−0,7	0,45338	6605	177	0,43936	6679	195	0,42535	6744	214	−0,7
−0,6	0,51943	6785	180	0,50615	6877	198	0,49279	6961	217	−0,6
−0,5	0,58728	6965	180	0,57492	7076	199	0,56240	7179	218	−0,5
−0,4	0,65693	7146	181	0,64568	7275	199	0,63419	7399	220	−0,4
−0,3	0,72839	7328	182	0,71843	7476	201	0,70818	7620	221	−0,3
−0,2	0,80167	7511	183	0,79319	7679	203	0,78438	7843	223	−0,2
−0,1	0,87678	7695	184	0,86998	7882	203	0,86281	8068	225	−0,1
0,0	0,95373	7880	185	0,94880	8087	205	0,94349	8293	225	0,0
0,1	1,03253	8067	187	1,02967	8293	206	1,02642	8521	228	0,1
0,2	1,11320	8253	186	1,11260	8500	207	1,11163	8751	230	0,2
0,3	1,19573	8441	188	1,19760	8709	209	1,19914	8981	230	0,3
0,4	1,28014	8631	190	1,28469	8919	210	1,28895	9214	233	0,4
0,5	1,36645	8820	189	1,37388	9129	210	1,38109	9447	233	0,5
0,6	1,45465	9012	192	1,46517	9342	213	1,47556	9683	236	0,6
0,7	1,54477	9204	192	1,55859	9556	214	1,57239	9920	237	0,7
0,8	1,63681	9397	193	1,65415	9771	215	1,67159	10159	239	0,8
0,9	1,73078	9591	194	1,75186	9987	216	1,77318	10399	240	0,9
1,0	1,82669		195	1,85173		217	1,87717		241	1,0

$$\Theta = 88° 47,18' \qquad \Theta = 88° 57,00' \qquad \Theta = 89° 5,73'$$

z	q=0,42	Δ	Δ²	q=0,43	Δ	Δ²	q=0,44	Δ	Δ²	z
−1,0	0,22142	6099	230	0,20737	6081	249	0,19373	6048	270	−1,0
−0,9	0,28241	6330	231	0,26818	6332	251	0,25421	6321	273	−0,9
−0,8	0,34571	6564	234	0,33150	6586	254	0,31742	6598	277	−0,8
−0,7	0,41135	6798	234	0,39736	6843	257	0,38340	6876	278	−0,7
−0,6	0,47933	7037	239	0,46579	7103	260	0,45216	7159	283	−0,6
−0,5	0,54970	7275	238	0,53682	7363	260	0,52375	7444	285	−0,5
−0,4	0,62245	7516	241	0,61045	7628	265	0,59819	7732	288	−0,4
−0,3	0,69761	7760	244	0,68673	7894	266	0,67551	8023	291	−0,3
−0,2	0,77521	8004	244	0,76567	8162	268	0,75574	8317	294	−0,2
−0,1	0,85525	8252	248	0,84729	8434	272	0,83891	8613	296	−0,1
0,0	0,93777	8500	248	0,93163	8707	273	0,92504	8914	301	0,0
0,1	1,02277	8751	251	1,01870	8983	276	1,01418	9216	302	0,1
0,2	1,11028	9004	253	1,10853	9261	278	1,10634	9521	305	0,2
0,3	1,20032	9259	255	1,20114	9542	281	1,20155	9831	310	0,3
0,4	1,29291	9516	257	1,29656	9825	283	1,29986	10142	311	0,4
0,5	1,38807	9774	258	1,39481	10110	285	1,40128	10457	315	0,5
0,6	1,48581	10035	261	1,49591	10399	289	1,50585	10775	318	0,6
0,7	1,58616	10298	263	1,59990	10689	290	1,61360	11095	320	0,7
0,8	1,68914	10562	264	1,70679	10982	293	1,72455	11419	324	0,8
0,9	1,79476	10829	267	1,81661	11277	295	1,83874	11746	327	0,9
1,0	1,90305		269	1,92938		297	1,95620		330	1,0

$$\Theta = 89° 13,46' \qquad \Theta = 89° 20,29' \qquad \Theta = 89° 26,28'$$

z	q=0,45	Δ	Δ²	q=0,46	Δ	Δ²	q=0,47	Δ	Δ²	z
-1,0	0,18050	6002	292	0,16771	5941	315	0,15537	5865	337	-1,0
-0,9	0,24052	6297	295	0,22712	6260	319	0,21402	6208	343	-0,9
-0,8	0,30349	6597	300	0,28972	6582	322	0,27610	6557	349	-0,8
-0,7	0,36946	6899	302	0,35554	6911	329	0,34167	6909	352	-0,7
-0,6	0,43845	7205	306	0,42465	7242	331	0,41076	7268	359	-0,6
-0,5	0,51050	7516	311	0,49707	7578	336	0,48344	7631	363	-0,5
-0,4	0,58566	7829	313	0,57285	7918	340	0,55975	8000	369	-0,4
-0,3	0,66395	8146	317	0,65203	8264	346	0,63975	8374	374	-0,3
-0,2	0,74541	8467	321	0,73467	8613	349	0,72349	8754	380	-0,2
-0,1	0,83008	8791	324	0,82080	8966	353	0,81103	9139	385	-0,1
0,0	0,91799	9120	329	0,91046	9324	358	0,90242	9529	390	0,0
0,1	1,00919	9450	330	1,00370	9687	363	0,99771	9924	395	0,1
0,2	1,10369	9786	336	1,10057	10054	367	1,09695	10325	401	0,2
0,3	1,20155	10125	339	1,20111	10425	371	1,20020	10732	407	0,3
0,4	1,30280	10468	343	1,30536	10802	377	1,30752	11144	412	0,4
0,5	1,40748	10814	346	1,41338	11181	379	1,41896	11561	417	0,5
0,6	1,51562	11163	349	1,52519	11567	386	1,53457	11984	423	0,6
0,7	1,62725	11518	355	1,64086	11956	389	1,65441	12412	428	0,7
0,8	1,74243	11874	356	1,76042	12350	394	1,77853	12846	434	0,8
0,9	1,86117	12236	362	1,88392	12748	398	1,90699	13285	439	0,9
1,0	1,98353		366	2,01140		402	2,03984		444	1,0

$\Theta = 89° 31,53'$ $\Theta = 89° 36,10'$ $\Theta = 89° 40,06'$

z	q=0,48	Δ	Δ²	q=0,49	Δ	Δ²	q=0,50	Δ	Δ²	z
-1,0	0,14348	5776	361	0,13206	5671	386	0,12112	5553	408	-1,0
-0,9	0,20124	6143	367	0,18877	6064	393	0,17665	5970	417	-0,9
-0,8	0,26267	6516	373	0,24941	6463	399	0,23635	6396	426	-0,8
-0,7	0,32783	6896	380	0,31404	6871	408	0,30031	6832	436	-0,7
-0,6	0,39679	7282	386	0,38275	7285	414	0,36863	7276	444	-0,6
-0,5	0,46961	7675	393	0,45560	7707	422	0,44139	7730	454	-0,5
-0,4	0,54636	8073	398	0,53267	8137	430	0,51869	8191	461	-0,4
-0,3	0,62709	8478	405	0,61404	8575	438	0,60060	8664	473	-0,3
-0,2	0,71187	8890	412	0,69979	9020	445	0,68724	9144	480	-0,2
-0,1	0,80077	9308	418	0,78999	9474	454	0,77868	9635	491	-0,1
0,0	0,89385	9732	424	0,88473	9934	460	0,87503	10134	499	0,0
0,1	0,99117	10163	431	0,98407	10402	468	0,97637	10643	509	0,1
0,2	1,09280	10600	437	1,08809	10880	478	1,08280	11162	519	0,2
0,3	1,19880	11045	445	1,19689	11363	483	1,19442	11689	527	0,3
0,4	1,30925	11495	450	1,31052	11856	493	1,31131	12227	538	0,4
0,5	1,42420	11953	458	1,42908	12357	501	1,43358	12774	547	0,5
0,6	1,54373	12416	463	1,55265	12865	508	1,56132	13331	557	0,6
0,7	1,66789	12887	471	1,68130	13382	517	1,69463	13897	566	0,7
0,8	1,79676	13364	477	1,81512	13906	524	1,83360	14474	577	0,8
0,9	1,93040	13849	485	1,95418	14439	533	1,97834	15060	586	0,9
1,0	2,06889		492	2,09857		541	2,12894		596	1,0

$\Theta = 89° 43,47'$ $\Theta = 89° 46,39'$ $\Theta = 89° 48,87'$

Tabelle IV
Funktionen $\bar{G}(q, z)$ und $\bar{H}(q, z)$

laufend nach q

von $q = 0{,}00$ bis $q = 0{,}50$ in Schritten von $0{,}01$
für die Werte $z = \cos 2\,x$ für den Bereich von $z = -1{,}0$ bis $+1{,}0$
in Schritten von $0{,}1$.

Die zugehörigen Werte für Θ und $-\lg \cos \Theta$ sind in Tabelle II auf S. 67, die zugehörigen Werte für K und K/E in Tabelle II auf S. 74 zu finden.

Table IV
$\bar{G}(q, z)$ and $\bar{H}(q, z)$

as functions of q

from $q = 0{.}00$ to $q = 0{.}50$, in steps of $0{,}01$
for values of $z = \cos 2\,x$, when z increases from $-1{.}0$ to $+1{.}0$
in steps of $0{.}1$.

The corresponding values of Θ and $-\lg \cos \Theta$ are found in Table II on page 67, and those of K and K/E in Table II on page 74.

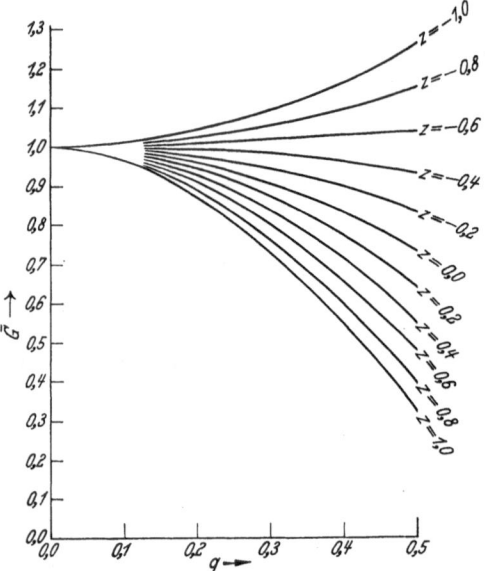

Abb. 9. Funktionen $\bar{G}(q, z)$ laufend nach q, geordnet nach z

Fig. 9. $\bar{G}(q, z)$ as a function of q

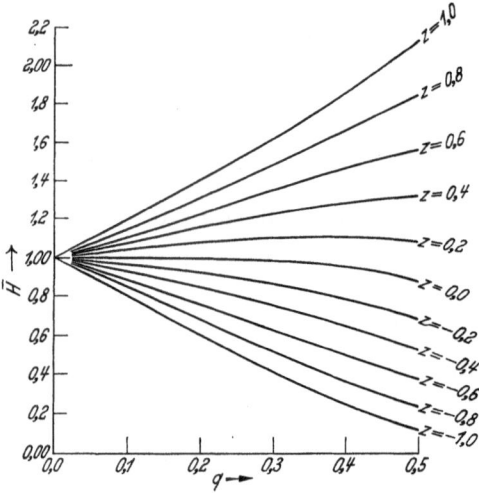

Abb. 10. Funktionen $\bar{H}(q, z)$ laufend nach q, geordnet nach z

Fig. 10. $\bar{H}(q, z)$ as a function of q

q	z=−1,0	Δ	Δ²	z=−0,9	Δ	Δ²	z=−0,8	Δ	Δ²	q
0,00	1,00000	10		1,00000	8		1,00000	6		0,00
01	1,00010	30	20	1,00008	24	16	1,00006	18	12	01
02	1,00040	50	20	1,00032	40	16	1,00024	30	12	02
03	1,00090	70	20	1,00072	56	16	1,00054	42	12	03
04	1,00160	90	20	1,00128	72	16	1,00096	54	12	04
05	1,00250	110	20	1,00200	88	16	1,00150	66	12	05
06	1,00360	130	20	1,00288	104	16	1,00216	78	12	06
07	1,00490	150	20	1,00392	120	16	1,00294	90	12	07
08	1,00640	170	20	1,00512	136	16	1,00384	102	12	08
09	1,00810	190	20	1,00648	152	16	1,00486	114	12	09
0,10	1,01000	210	20	1,00800	168	16	1,00600	126	12	0,10
11	1,01210	230	20	1,00968	184	16	1,00726	138	12	11
12	1,01440	250	20	1,01152	200	16	1,00864	150	12	12
13	1,01690	271	21	1,01352	216	16	1,01014	162	12	13
14	1,01961	290	19	1,01568	233	17	1,01176	174	12	14
15	1,02251	311	21	1,01801	248	15	1,01350	186	12	15
16	1,02562	330	19	1,02049	264	16	1,01536	198	12	16
17	1,02892	351	21	1,02313	280	16	1,01734	210	12	17
18	1,03243	372	21	1,02593	297	17	1,01944	222	12	18
19	1,03615	391	19	1,02890	313	16	1,02166	234	12	19
0,20	1,04006	413	22	1,03203	329	16	1,02400	246	12	0,20
21	1,04419	432	19	1,03532	345	16	1,02646	258	12	21
22	1,04851	454	22	1,03877	362	17	1,02904	269	11	22
23	1,05305	474	20	1,04239	377	15	1,03173	282	13	23
24	1,05779	495	21	1,04616	395	18	1,03455	294	12	24
25	1,06274	517	22	1,05011	411	16	1,03749	306	12	25
26	1,06791	538	21	1,05422	427	16	1,04055	317	11	26
27	1,07329	559	21	1,05849	444	17	1,04372	330	13	27
28	1,07888	582	23	1,06293	461	17	1,04702	342	12	28
29	1,08470	603	21	1,06754	478	17	1,05044	353	11	29
0,30	1,09073	626	23	1,07232	495	17	1,05397	365	12	0,30
31	1,09699	648	22	1,07727	512	17	1,05762	378	13	31
32	1,10347	672	24	1,08239	530	18	1,06140	389	11	32
33	1,11019	696	24	1,08769	547	17	1,06529	401	12	33
34	1,11715	719	23	1,09316	565	18	1,06930	412	11	34
35	1,12434	744	25	1,09881	583	18	1,07342	425	13	35
36	1,13178	769	25	1,10464	601	18	1,07767	436	11	36
37	1,13947	795	26	1,11065	619	18	1,08203	448	12	37
38	1,14742	821	26	1,11684	639	20	1,08651	460	12	38
39	1,15563	848	27	1,12323	657	18	1,09111	472	12	39
0,40	1,16411	876	28	1,12980	677	20	1,09583	482	10	0,40
41	1,17287	905	29	1,13657	696	19	1,10065	495	13	41
42	1,18192	934	29	1,14353	717	21	1,10560	506	11	42
43	1,19126	965	31	1,15070	737	20	1,11066	517	11	43
44	1,20091	996	31	1,15807	758	21	1,11583	529	12	44
45	1,21087	1029	33	1,16565	780	22	1,12112	540	11	45
46	1,22116	1064	35	1,17345	801	21	1,12652	551	11	46
47	1,23180	1098	34	1,18146	824	23	1,13203	562	11	47
48	1,24278	1135	37	1,18970	847	23	1,13765	573	11	48
49	1,25413	1174	39	1,19817	870	23	1,14338	583	10	49
0,50	1,26587		41	1,20687		24	1,14921		11	0,50

q	z= -0,7	Δ	Δ²	z= -0,6	Δ	Δ²	z= -0,5	Δ	Δ²	q
0,00	1,00000	4	8	1,00000	2	4	1,00000	0	0	0,00
01	1,00004	12	8	1,00002	6	4	1,00000	0	0	01
02	1,00016	20	8	1,00008	10	4	1,00000	0	0	02
03	1,00036	28	8	1,00018	14	4	1,00000	0	0	03
04	1,00064	36	8	1,00032	18	4	1,00000	0	0	04
05	1,00100	44	8	1,00050	22	4	1,00000	0	0	05
06	1,00144	52	8	1,00072	26	4	1,00000	0	0	06
07	1,00196	60	8	1,00098	30	4	1,00000	0	0	07
08	1,00256	68	8	1,00128	34	4	1,00000	0	0	08
09	1,00324	76	8	1,00162	38	4	1,00000	0	0	09
0,10	1,00400	84	8	1,00200	42	4	1,00000	0	0	0,10
11	1,00484	92	8	1,00242	46	4	1,00000	0	0	11
12	1,00576	100	8	1,00288	50	4	1,00000	0	0	12
13	1,00676	108	8	1,00338	53	3	1,00000	-1	-1	13
14	1,00784	115	7	1,00391	58	5	0,99999	0	1	14
15	1,00899	124	9	1,00449	62	4	0,99999	-1	-1	15
16	1,01023	132	8	1,00511	65	3	0,99998	0	1	16
17	1,01155	140	8	1,00576	69	4	0,99998	-1	-1	17
18	1,01295	147	7	1,00645	73	4	0,99997	-2	-1	18
19	1,01442	155	8	1,00718	77	4	0,99995	-1	1	19
0,20	1,01597	163	8	1,00795	80	3	0,99994	-3	-2	0,20
21	1,01760	171	8	1,00875	84	4	0,99991	-2	1	21
22	1,01931	178	7	1,00959	88	4	0,99989	-4	-2	22
23	1,02109	187	9	1,01047	90	2	0,99985	-4	0	23
24	1,02296	193	6	1,01137	94	4	0,99981	-5	-1	24
25	1,02489	201	8	1,01231	98	4	0,99976	-7	-2	25
26	1,02690	209	8	1,01329	100	2	0,99969	-8	-1	26
27	1,02899	216	7	1,01429	102	2	0,99961	-9	-1	27
28	1,03115	223	7	1,01531	106	4	0,99952	-12	-3	28
29	1,03338	230	7	1,01637	108	2	0,99940	-13	-1	29
0,30	1,03568	237	7	1,01745	109	1	0,99927	-16	-3	0,30
31	1,03805	244	7	1,01854	112	3	0,99911	-18	-2	31
32	1,04049	250	6	1,01966	114	2	0,99893	-22	-4	32
33	1,04299	257	7	1,02080	114	0	0,99871	-26	-4	33
34	1,04556	263	6	1,02194	116	2	0,99845	-29	-3	34
35	1,04819	269	6	1,02310	116	0	0,99816	-34	-5	35
36	1,05088	274	5	1,02426	116	0	0,99782	-39	-5	36
37	1,05362	281	7	1,02542	116	0	0,99743	-45	-6	37
38	1,05643	285	4	1,02658	115	-1	0,99698	-51	-6	38
39	1,05928	290	5	1,02773	114	-1	0,99647	-58	-7	39
0,40	1,06218	295	5	1,02887	111	-3	0,99589	-66	-8	0,40
41	1,06513	298	3	1,02998	109	-2	0,99523	-75	-9	41
42	1,06811	303	5	1,03107	106	-3	0,99448	-84	-9	42
43	1,07114	305	2	1,03213	102	-4	0,99364	-95	-11	43
44	1,07419	309	4	1,03315	96	-6	0,99269	-106	-11	44
45	1,07728	310	1	1,03411	91	-5	0,99163	-119	-13	45
46	1,08038	312	2	1,03502	84	-7	0,99044	-134	-15	46
47	1,08350	313	1	1,03586	76	-8	0,98910	-148	-14	47
48	1,08663	313	-1	1,03662	67	-9	0,98762	-165	-17	48
49	1,08975	312	1	1,03729	56	-11	0,98597	-184	-19	49
0,50	1,09288	313	0	1,03785		-12	0,98413		-21	0,50

q	z=−0,4	Δ	Δ²	z=−0,3	Δ	Δ²	z=−0,2	Δ	Δ²	q
0,00	1,00000		−4	1,00000		−8	1,00000		−12	0,00
01	0,99998	−2	−4	0,99996	−4	−8	0,99994	−6	−12	01
02	0,99992	−6	−4	0,99984	−12	−8	0,99976	−18	−12	02
03	0,99982	−10	−4	0,99964	−20	−8	0,99946	−30	−12	03
04	0,99968	−14	−4	0,99936	−28	−8	0,99904	−42	−12	04
05	0,99950	−18	−4	0,99900	−36	−8	0,99850	−54	−12	05
06	0,99928	−22	−4	0,99856	−44	−8	0,99784	−66	−12	06
07	0,99902	−26	−4	0,99804	−52	−8	0,99706	−78	−12	07
08	0,99872	−30	−4	0,99744	−60	−8	0,99616	−90	−12	08
09	0,99838	−34	−4	0,99676	−68	−8	0,99514	−102	−12	09
0,10	0,99800	−38	−4	0,99600	−76	−8	0,99400	−114	−12	0,10
11	0,99758	−42	−4	0,99516	−84	−8	0,99274	−126	−12	11
12	0,99712	−46	−5	0,99424	−92	−9	0,99136	−138	−13	12
13	0,99661	−51	−3	0,99323	−101	−7	0,98985	−151	−11	13
14	0,99607	−54	−4	0,99215	−108	−8	0,98823	−162	−12	14
15	0,99549	−58	−5	0,99099	−116	−9	0,98649	−174	−13	15
16	0,99486	−63	−4	0,98974	−125	−8	0,98462	−187	−12	16
17	0,99419	−67	−4	0,98841	−133	−8	0,98263	−199	−12	17
18	0,99348	−71	−4	0,98700	−141	−9	0,98052	−211	−13	18
19	0,99273	−75	−5	0,98550	−150	−8	0,97828	−224	−12	19
0,20	0,99193	−80	−5	0,98392	−158	−9	0,97592	−236	−13	0,20
21	0,99108	−85	−4	0,98225	−167	−8	0,97343	−249	−12	21
22	0,99019	−89	−5	0,98050	−175	−9	0,97082	−261	−13	22
23	0,98925	−94	−5	0,97866	−184	−10	0,96808	−274	−14	23
24	0,98826	−99	−5	0,97672	−194	−8	0,96520	−288	−12	24
25	0,98722	−104	−6	0,97470	−202	−10	0,96220	−300	−14	25
26	0,98612	−110	−5	0,97258	−212	−10	0,95906	−314	−14	26
27	0,98497	−115	−6	0,97036	−222	−10	0,95578	−328	−14	27
28	0,98376	−121	−6	0,96804	−232	−10	0,95236	−342	−14	28
29	0,98249	−127	−7	0,96562	−242	−10	0,94880	−356	−14	29
0,30	0,98115	−134	−6	0,96310	−252	−12	0,94510	−370	−16	0,30
31	0,97975	−140	−8	0,96046	−264	−11	0,94124	−386	−15	31
32	0,97827	−148	−7	0,95771	−275	−12	0,93723	−401	−16	32
33	0,97672	−155	−8	0,95484	−287	−13	0,93306	−417	−17	33
34	0,97509	−163	−9	0,95184	−300	−12	0,92872	−434	−16	34
35	0,97337	−172	−10	0,94872	−312	−14	0,92422	−450	−18	35
36	0,97155	−182	−9	0,94546	−326	−14	0,91954	−468	−18	36
37	0,96964	−191	−11	0,94206	−340	−16	0,91468	−486	−19	37
38	0,96762	−202	−11	0,93850	−356	−15	0,90963	−505	−20	38
39	0,96549	−213	−12	0,93479	−371	−16	0,90438	−525	−21	39
0,40	0,96324	−225	−14	0,93092	−387	−19	0,89892	−546	−21	0,40
41	0,96085	−239	−13	0,92686	−406	−18	0,89325	−567	−22	41
42	0,95833	−252	−15	0,92262	−424	−19	0,88736	−589	−24	42
43	0,95566	−267	−17	0,91819	−443	−22	0,88123	−613	−25	43
44	0,95282	−284	−16	0,91354	−465	−21	0,87485	−638	−26	44
45	0,94982	−300	−20	0,90868	−486	−24	0,86821	−664	−27	45
46	0,94662	−320	−19	0,90358	−510	−25	0,86130	−691	−28	46
47	0,94323	−339	−22	0,89823	−535	−26	0,85411	−719	−31	47
48	0,93962	−361	−22	0,89262	−561	−28	0,84661	−750	−31	48
49	0,93579	−383	−26	0,88673	−589	−30	0,83880	−781	−34	49
0,50	0,93170	−409	−27	0,88054	−619	−32	0,83065	−815	−36	0,50

q	z=-0,1	Δ	Δ²	z=0,0	Δ	Δ²	z=0,1	Δ	Δ²	q
0,00	1,00000	-8	-16	1,00000	-10	-20	1,00000	-12	-24	0,00
01	0,99992	-24	-16	0,99990	-30	-20	0,99988	-36	-24	01
02	0,99968	-40	-16	0,99960	-50	-20	0,99952	-60	-24	02
03	0,99928	-56	-16	0,99910	-70	-20	0,99892	-84	-24	03
04	0,99872	-72	-16	0,99840	-90	-20	0,99808	-108	-24	04
05	0,99800	-88	-16	0,99750	-110	-20	0,99700	-132	-24	05
06	0,99712	-104	-16	0,99640	-130	-20	0,99568	-156	-24	06
07	0,99608	-120	-16	0,99510	-150	-20	0,99412	-180	-24	07
08	0,99488	-136	-16	0,99360	-170	-20	0,99232	-204	-24	08
09	0,99352	-152	-16	0,99190	-190	-20	0,99028	-228	-24	09
0,10	0,99200	-168	-16	0,99000	-210	-20	0,98800	-252	-24	0,10
11	0,99032	-184	-16	1,98790	-230	-20	0,98548	-276	-24	11
12	0,98848	-201	-17	0,98560	-250	-20	0,98272	-300	-24	12
13	0,98647	-216	-15	0,98310	-271	-21	0,97972	-325	-25	13
14	0,98431	-232	-16	0,98039	-290	-19	0,97647	-348	-23	14
15	0,98199	-249	-17	0,97749	-311	-21	0,97299	-372	-24	15
16	0,97950	-265	-16	0,97438	-330	-19	0,96927	-397	-25	16
17	0,97685	-281	-16	0,97108	-351	-21	0,96530	-421	-24	17
18	0,97404	-297	-16	0,96757	-372	-21	0,96109	-445	-24	18
19	0,97107	-314	-17	0,96385	-391	-19	0,95664	-469	-24	19
0,20	0,96793	-331	-17	0,95994	-413	-22	0,95195	-494	-25	0,20
21	0,96462	-347	-16	0,95581	-432	-19	0,94701	-518	-24	21
22	0,96115	-364	-17	0,95149	-454	-22	0,94183	-542	-24	22
23	0,95751	-381	-17	0,94695	-474	-20	0,93641	-568	-26	23
24	0,95370	-398	-17	0,94221	-495	-21	0,93073	-592	-24	24
25	0,94972	-416	-18	0,93726	-517	-22	0,92481	-616	-24	25
26	0,94556	-433	-17	0,93209	-538	-21	0,91865	-642	-26	26
27	0,94123	-451	-18	0,92671	-559	-21	0,91223	-668	-26	27
28	0,93672	-469	-18	0,92112	-581	-22	0,90555	-692	-24	28
29	0,93203	-488	-19	0,91531	-604	-23	0,89863	-718	-26	29
0,30	0,92715	-506	-18	0,90927	-626	-22	0,89145	-744	-26	0,30
31	0,92209	-525	-19	0,90301	-648	-22	0,88401	-770	-26	31
32	0,91684	-546	-21	0,89653	-672	-24	0,87631	-797	-27	32
33	0,91138	-565	-19	0,88981	-695	-23	0,86834	-823	-26	33
34	0,90573	-586	-21	0,88286	-719	-24	0,86011	-850	-27	34
35	0,89987	-607	-21	0,87567	-744	-25	0,85161	-878	-28	35
36	0,89380	-629	-22	0,86823	-769	-25	0,84283	-905	-27	36
37	0,88751	-652	-23	0,86054	-794	-25	0,83378	-934	-29	37
38	0,88099	-674	-22	0,85260	-821	-27	0,82444	-962	-28	38
39	0,87425	-699	-25	0,84439	-847	-26	0,81482	-991	-29	39
0,40	0,86726	-724	-25	0,83592	-875	-28	0,80491	-1021	-30	0,40
41	0,86002	-749	-25	0,82717	-903	-28	0,79470	-1051	-30	41
42	0,85253	-776	-27	0,81814	-932	-29	0,78419	-1082	-31	42
43	0,84477	-804	-28	0,80882	-962	-30	0,77337	-1113	-31	43
44	0,83673	-832	-28	0,79920	-993	-31	0,76224	-1146	-33	44
45	0,82841	-863	-31	0,78927	-1025	-32	0,75078	-1178	-32	45
46	0,81978	-894	-31	0,77902	-1058	-33	0,73900	-1211	-33	46
47	0,81084	-926	-32	0,76844	-1092	-34	0,72689	-1246	-35	47
48	0,80158	-961	-35	0,75752	-1127	-35	0,71443	-1281	-35	48
49	0,79197	-996	-35	0,74625	-1163	-36	0,70162	-1316	-35	49
0,50	0,78201		-36	0,73462		-36	0,68846		-35	0,50

q	$z = 0{,}2$	Δ	Δ^2	$z = 0{,}3$	Δ	Δ^2	$z = 0{,}4$	Δ	Δ^2	q
0,00	1,00000	−14	−28	1,00000	−16	−32	1,00000	−18	−36	0,00
01	0,99986	−42	−28	0,99984	−48	−32	0,99982	−54	−36	01
02	0,99944	−70	−28	0,99936	−80	−32	0,99928	−90	−36	02
03	0,99874	−98	−28	0,99856	−112	−32	0,99838	−126	−36	03
04	0,99776	−126	−28	0,99744	−144	−32	0,99712	−162	−36	04
05	0,99650	−154	−28	0,99600	−176	−32	0,99550	−198	−36	05
06	0,99496	−182	−28	0,99424	−208	−32	0,99352	−234	−36	06
07	0,99314	−210	−28	0,99216	−240	−32	0,99118	−270	−36	07
08	0,99104	−238	−28	0,98976	−272	−32	0,98848	−306	−36	08
09	0,98866	−266	−28	0,98704	−304	−32	0,98542	−342	−36	09
0,10	0,98600	−294	−28	0,98400	−336	−32	0,98200	−378	−36	0,10
11	0,98306	−322	−28	0,98064	−368	−32	0,97822	−414	−36	11
12	0,97984	−350	−28	0,97696	−400	−32	0,97408	−450	−36	12
13	0,97634	−378	−28	0,97296	−432	−32	0,96958	−486	−36	13
14	0,97256	−407	−29	0,96864	−464	−32	0,96472	−521	−35	14
15	0,96849	−434	−27	0,96400	−496	−32	0,95951	−558	−37	15
16	0,96415	−462	−28	0,95904	−528	−32	0,95393	−594	−36	16
17	0,95953	−490	−28	0,95376	−560	−32	0,94799	−630	−36	17
18	0,95463	−519	−29	0,94816	−592	−32	0,94169	−665	−35	18
19	0,94944	−547	−28	0,94224	−624	−32	0,93504	−701	−36	19
0,20	0,94397	−575	−28	0,93600	−656	−32	0,92803	−737	−36	0,20
21	0,93822	−603	−28	0,92944	−688	−32	0,92066	−773	−36	21
22	0,93219	−632	−29	0,92256	−721	−33	0,91293	−808	−35	22
23	0,92587	−659	−27	0,91535	−752	−31	0,90485	−845	−37	23
24	0,91928	−689	−30	0,90783	−784	−32	0,89640	−879	−34	24
25	0,91239	−717	−28	0,89999	−816	−32	0,88761	−915	−36	25
26	0,90522	−745	−28	0,89183	−849	−33	0,87846	−951	−36	26
27	0,89777	−774	−29	0,88334	−880	−31	0,86895	−986	−35	27
28	0,89003	−803	−29	0,87454	−912	−32	0,85909	−1021	−35	28
29	0,88200	−832	−29	0,86542	−945	−33	0,84888	−1056	−35	29
0,30	0,87368	−861	−29	0,85597	−976	−31	0,83832	−1091	−35	0,30
31	0,86507	−890	−29	0,84621	−1009	−33	0,82741	−1126	−35	31
32	0,85617	−920	−30	0,83612	−1041	−32	0,81615	−1160	−34	32
33	0,84697	−949	−29	0,82571	−1073	−32	0,80455	−1195	−35	33
34	0,83748	−978	−29	0,81498	−1105	−32	0,79260	−1229	−34	34
35	0,82770	−1009	−31	0,80393	−1137	−32	0,78031	−1263	−34	35
36	0,81761	−1039	−30	0,79256	−1169	−32	0,76768	−1296	−33	36
37	0,80722	−1069	−30	0,78087	−1202	−33	0,75472	−1330	−34	37
38	0,79653	−1100	−31	0,76885	−1233	−31	0,74142	−1363	−33	38
39	0,78553	−1131	−31	0,75652	−1266	−33	0,72779	−1396	−33	39
0,40	0,77422	−1161	−30	0,74386	−1297	−31	0,71383	−1429	−33	0,40
41	0,76261	−1194	−33	0,73089	−1330	−33	0,69954	−1460	−31	41
42	0,75067	−1225	−31	0,71759	−1362	−32	0,68494	−1492	−32	42
43	0,73842	−1257	−32	0,70397	−1393	−31	0,67002	−1523	−31	43
44	0,72585	−1290	−33	0,69004	−1426	−33	0,65479	−1554	−31	44
45	0,71295	−1322	−32	0,67578	−1457	−31	0,63925	−1583	−29	45
46	0,69973	−1355	−33	0,66121	−1489	−32	0,62342	−1613	−30	46
47	0,68618	−1389	−34	0,64632	−1521	−32	0,60729	−1641	−28	47
48	0,67229	−1422	−33	0,63111	−1551	−30	0,59088	−1669	−28	48
49	0,65807	−1456	−34	0,61560	−1583	−32	0,57419	−1696	−27	49
0,50	0,64351		−34	0,59977		−32	0,55723		−28	0,50

7 Schuler-Gebelein, Ellipt. Funktionen (Kl. Ausgabe)

q	z = 0,5	Δ	Δ²	z = 0,6	Δ	Δ²	z = 0,7	Δ	Δ²	q
0,00	1,00000	-20	-40	1,00000	-22	-44	1,00000	-24	-48	0,00
01	0,99980	-60	-40	0,99978	-66	-44	0,99976	-72	-48	01
02	0,99920	-100	-40	0,99912	-110	-44	0,99904	-120	-48	02
03	0,99820	-140	-40	0,99802	-154	-44	0,99784	-168	-48	03
04	0,99680	-180	-40	0,99648	-198	-44	0,99616	-216	-48	04
05	0,99500	-220	-40	0,99450	-242	-44	0,99400	-264	-48	05
06	0,99280	-260	-40	0,99208	-286	-44	0,99136	-312	-48	06
07	0,99020	-300	-40	0,98922	-330	-44	0,98824	-360	-48	07
08	0,98720	-340	-40	0,98592	-374	-44	0,98464	-408	-48	08
09	0,98380	-380	-40	0,98218	-418	-44	0,98056	-456	-48	09
0,10	0,98000	-420	-40	0,97800	-462	-44	0,97600	-504	-48	0,10
11	0,97580	-460	-40	0,97338	-506	-44	0,97096	-551	-47	11
12	0,97120	-500	-40	0,96832	-549	-43	0,96545	-600	-49	12
13	0,96620	-539	-39	0,96283	-594	-45	0,95945	-647	-47	13
14	0,96081	-580	-41	0,95689	-637	-43	0,95298	-695	-48	14
15	0,95501	-619	-39	0,95052	-681	-44	0,94603	-743	-48	15
16	0,94882	-660	-41	0,94371	-725	-44	0,93860	-790	-47	16
17	0,94222	-699	-39	0,93646	-768	-43	0,93070	-838	-48	17
18	0,93523	-738	-39	0,92878	-812	-44	0,92232	-885	-47	18
19	0,92785	-779	-41	0,92066	-856	-44	0,91347	-932	-47	19
0,20	0,92006	-817	-38	0,91210	-898	-42	0,90415	-979	-47	0,20
21	0,91189	-858	-41	0,90312	-941	-43	0,89436	-1025	-46	21
22	0,90331	-896	-38	0,89371	-985	-44	0,88411	-1072	-47	22
23	0,89435	-936	-40	0,88386	-1027	-42	0,87339	-1118	-46	23
24	0,88499	-975	-39	0,87359	-1069	-42	0,86221	-1163	-45	24
25	0,87524	-1013	-38	0,86290	-1111	-42	0,85058	-1209	-46	25
26	0,86511	-1052	-39	0,85179	-1153	-42	0,83849	-1254	-45	26
27	0,85459	-1091	-39	0,84026	-1195	-42	0,82595	-1297	-43	27
28	0,84368	-1128	-37	0,82831	-1235	-40	0,81298	-1342	-45	28
29	0,83240	-1167	-39	0,81596	-1276	-41	0,79956	-1384	-42	29
0,30	0,82073	-1204	-37	0,80320	-1316	-40	0,78572	-1427	-43	0,30
31	0,80869	-1242	-38	0,79004	-1356	-40	0,77145	-1468	-41	31
32	0,79627	-1278	-36	0,77648	-1394	-38	0,75677	-1508	-40	32
33	0,78349	-1314	-36	0,76254	-1433	-39	0,74169	-1549	-41	33
34	0,77035	-1351	-37	0,74821	-1469	-36	0,72620	-1586	-37	34
35	0,75684	-1386	-35	0,73352	-1507	-38	0,71034	-1625	-39	35
36	0,74298	-1421	-35	0,71845	-1542	-35	0,69409	-1660	-35	36
37	0,72877	-1455	-34	0,70303	-1577	-35	0,67749	-1695	-35	37
38	0,71422	-1489	-34	0,68726	-1611	-34	0,66054	-1729	-34	38
39	0,69933	-1522	-33	0,67115	-1643	-32	0,64325	-1760	-31	39
0,40	0,68411	-1554	-32	0,65472	-1674	-31	0,62565	-1790	-30	0,40
41	0,66857	-1585	-31	0,63798	-1705	-31	0,60775	-1818	-28	41
42	0,65272	-1616	-31	0,62093	-1733	-28	0,58957	-1845	-27	42
43	0,63656	-1645	-29	0,60360	-1761	-28	0,57112	-1868	-23	43
44	0,62011	-1674	-29	0,58599	-1786	-25	0,55244	-1891	-23	44
45	0,60337	-1701	-27	0,56813	-1809	-23	0,53353	-1909	-18	45
46	0,58636	-1727	-26	0,55004	-1832	-23	0,51444	-1927	-18	46
47	0,56909	-1751	-24	0,53172	-1851	-19	0,49517	-1940	-13	47
48	0,55158	-1775	-24	0,51321	-1869	-18	0,47577	-1952	-12	48
49	0,53383	-1796	-21	0,49452	-1884	-15	0,45625	-1960	-8	49
0,50	0,51587		-22	0,47568		-14	0,43665		-7	0,50

q	z = 0,8	Δ	Δ²	z = 0,9	Δ	Δ²	z = 1,0	Δ	Δ²	q
0,00	1,00000	−26		1,00000	−28		1,00000	−30		0,00
01	0,99974	−78	−52	0,99972	−84	−56	0,99970	−90	−60	01
02	0,99896	−130	−52	0,99888	−140	−56	0,99880	−150	−60	02
03	0,99766	−182	−52	0,99748	−196	−56	0,99730	−210	−60	03
04	0,99584	−234	−52	0,99552	−252	−56	0,99520	−270	−60	04
05	0,99350	−286	−52	0,99300	−308	−56	0,99250	−330	−60	05
06	0,99064	−338	−52	0,98992	−364	−56	0,98920	−390	−60	06
07	0,98726	−390	−52	0,98628	−420	−56	0,98530	−450	−60	07
08	0,98336	−442	−52	0,98208	−476	−56	0,98080	−510	−60	08
09	0,97894	−494	−52	0,97732	−532	−56	0,97570	−570	−60	09
0,10	0,97400	−545	−51	0,97200	−587	−55	0,97000	−629	−59	0,10
11	0,96855	−598	−53	0,96613	−644	−57	0,96371	−690	−61	11
12	0,96257	−649	−51	0,95969	−699	−55	0,95681	−749	−59	12
13	0,95608	−702	−53	0,95270	−755	−56	0,94932	−808	−59	13
14	0,94906	−752	−50	0,94515	−810	−55	0,94124	−868	−60	14
15	0,94154	−805	−53	0,93705	−866	−56	0,93256	−928	−60	15
16	0,93349	−855	−50	0,92839	−921	−55	0,92328	−986	−58	16
17	0,92494	−907	−52	0,91918	−976	−55	0,91342	−1045	−59	17
18	0,91587	−958	−51	0,90942	−1031	−55	0,90297	−1103	−58	18
19	0,90629	−1009	−51	0,89911	−1085	−54	0,89194	−1162	−59	19
0,20	0,89620	−1059	−50	0,88826	−1139	−54	0,88032	−1219	−57	0,20
21	0,88561	−1109	−50	0,87687	−1193	−54	0,86813	−1276	−57	21
22	0,87452	−1159	−50	0,86494	−1246	−53	0,85537	−1333	−57	22
23	0,86293	−1209	−50	0,85248	−1299	−53	0,84204	−1388	−55	23
24	0,85084	−1257	−48	0,83949	−1350	−51	0,82816	−1444	−56	24
25	0,83827	−1305	−48	0,82599	−1402	−52	0,81372	−1498	−54	25
26	0,82522	−1354	−49	0,81197	−1453	−51	0,79874	−1550	−52	26
27	0,81168	−1400	−46	0,79744	−1501	−48	0,78324	−1603	−53	27
28	0,79768	−1446	−46	0,78243	−1551	−50	0,76721	−1654	−51	28
29	0,78322	−1492	−46	0,76692	−1598	−47	0,75067	−1703	−49	29
0,30	0,76830	−1536	−44	0,75094	−1644	−46	0,73364	−1751	−48	0,30
31	0,75294	−1579	−43	0,73450	−1689	−45	0,71613	−1797	−46	31
32	0,73715	−1621	−42	0,71761	−1732	−43	0,69816	−1841	−44	32
33	0,72094	−1662	−41	0,70029	−1774	−42	0,67975	−1884	−43	33
34	0,70432	−1702	−40	0,68255	−1814	−40	0,66091	−1924	−40	34
35	0,68730	−1739	−37	0,66441	−1852	−38	0,64167	−1962	−38	35
36	0,66991	−1776	−37	0,64589	−1887	−35	0,62205	−1997	−35	36
37	0,65215	−1810	−34	0,62702	−1922	−35	0,60208	−2029	−32	37
38	0,63405	−1842	−32	0,60780	−1952	−30	0,58179	−2058	−29	38
39	0,61563	−1873	−31	0,58828	−1981	−29	0,56121	−2085	−27	39
0,40	0,59690	−1901	−28	0,56847	−2006	−25	0,54036	−2107	−22	0,40
41	0,57789	−1926	−25	0,54841	−2029	−23	0,51929	−2126	−19	41
42	0,55863	−1949	−23	0,52812	−2048	−19	0,49803	−2140	−14	42
43	0,53914	−1970	−21	0,50764	−2064	−16	0,47663	−2152	−12	43
44	0,51944	−1987	−17	0,48700	−2076	−12	0,45511	−2157	−5	44
45	0,49957	−2001	−14	0,46624	−2084	−8	0,43354	−2160	−3	45
46	0,47956	−2012	−11	0,44540	−2089	−5	0,41194	−2155	+5	46
47	0,45944	−2020	−8	0,42451	−2089	0	0,39039	−2148	7	47
48	0,43924	−2023	−3	0,40362	−2084	5	0,36891	−2134	14	48
49	0,41901	−2023	0	0,38278	−2074	10	0,34757	−2115	19	49
0,50	0,39878		+3	0,36204		15	0,32642		24	0,50

q	z=-1,0	Δ	Δ²	z=-0,9	Δ	Δ²	z=-0,8	Δ	Δ²	q
0,00	1,00000	-2000	0	1,00000	-1800	0	1,00000	-1600	0	0,00
01	0,98000	-2000	0	0,98200	-1800	0	0,98400	-1600	0	01
02	0,96000	-2000	0	0,96400	-1800	0	0,96800	-1600	0	02
03	0,94000	-1999	+1	0,94600	-1800	0	0,95200	-1600	0	03
04	0,92001	-2000	-1	0,92800	-1800	1	0,93600	-1600	0	04
05	0,90001	-1998	+2	0,91001	-1799	0	0,92000	-1599	+1	05
06	0,88003	-1998	0	0,89202	-1799	0	0,90401	-1600	-1	06
07	0,86005	-1997	1	0,87403	-1799	1	0,88801	-1599	+1	07
08	0,84008	-1995	2	0,85605	-1798	1	0,87202	-1598	1	08
09	0,82013	-1993	2	0,83808	-1797	1	0,85604	-1598	0	09
0,10	0,80020	-1991	2	0,82012	-1796	2	0,84006	-1598	0	0,10
11	0,78029	-1988	3	0,80218	-1794	2	0,82408	-1596	2	11
12	0,76041	-1984	4	0,78426	-1792	1	0,80812	-1596	0	12
13	0,74057	-1980	4	0,76635	-1791	4	0,79216	-1594	2	13
14	0,72077	-1976	4	0,74848	-1787	2	0,77622	-1594	0	14
15	0,70101	-1970	6	0,73063	-1785	3	0,76028	-1591	3	15
16	0,68131	-1964	6	0,71281	-1782	5	0,74437	-1590	1	16
17	0,66167	-1957	7	0,69504	-1777	3	0,72847	-1588	2	17
18	0,64210	-1949	8	0,67730	-1774	6	0,71259	-1586	2	18
19	0,62261	-1941	8	0,65962	-1768	4	0,69673	-1583	3	19
0,20	0,60320	-1931	10	0,64198	-1764	7	0,68090	-1581	2	0,20
21	0,58389	-1921	10	0,62441	-1757	6	0,66509	-1578	3	21
22	0,56468	-1909	12	0,60690	-1751	8	0,64931	-1574	4	22
23	0,54559	-1896	13	0,58947	-1743	7	0,63357	-1571	3	23
24	0,52663	-1883	13	0,57211	-1736	9	0,61786	-1567	4	24
25	0,50780	-1867	16	0,55484	-1727	9	0,60219	-1563	4	25
26	0,48913	-1852	15	0,53766	-1718	11	0,58656	-1558	5	26
27	0,47061	-1834	18	0,52059	-1707	10	0,57098	-1553	5	27
28	0,45227	-1815	19	0,50362	-1697	11	0,55545	-1548	5	28
29	0,43412	-1796	19	0,48676	-1686	14	0,53997	-1542	6	29
0,30	0,41616	-1774	22	0,47004	-1672	12	0,52455	-1536	6	0,30
31	0,39842	-1752	22	0,45344	-1660	15	0,50919	-1529	7	31
32	0,38090	-1727	25	0,43699	-1645	15	0,49390	-1523	6	32
33	0,36363	-1702	25	0,42069	-1630	15	0,47867	-1514	9	33
34	0,34661	-1676	26	0,40454	-1615	18	0,46353	-1507	7	34
35	0,32985	-1646	30	0,38857	-1597	18	0,44846	-1498	9	35
36	0,31339	-1617	29	0,37278	-1579	19	0,43348	-1489	9	36
37	0,29722	-1585	32	0,35718	-1560	20	0,41859	-1480	9	37
38	0,28137	-1552	33	0,34178	-1540	22	0,40379	-1469	11	38
39	0,26585	-1517	35	0,32660	-1518	21	0,38910	-1458	11	39
0,40	0,25068	-1482	35	0,31163	-1497	24	0,37452	-1447	11	0,40
41	0,23586	-1444	38	0,29690	-1473	24	0,36005	-1434	13	41
42	0,22142	-1405	39	0,28241	-1449	26	0,34571	-1421	13	42
43	0,20737	-1364	41	0,26818	-1423	26	0,33150	-1408	13	43
44	0,19373	-1323	41	0,25421	-1397	28	0,31742	-1393	15	44
45	0,18050	-1279	44	0,24052	-1369	29	0,30349	-1377	16	45
46	0,16771	-1234	45	0,22712	-1340	30	0,28972	-1362	15	46
47	0,15537	-1189	45	0,21402	-1310	32	0,27610	-1343	19	47
48	0,14348	-1142	47	0,20124	-1278	31	0,26267	-1326	17	48
49	0,13206	-1094	48	0,18877	-1247	35	0,24941	-1306	20	49
0,50	0,12112		49	0,17665	-1212	36	0,23635		22	0,50

q	z=-0,7	Δ	Δ²	z=-0,6	Δ	Δ²	z=-0,5	Δ	Δ²	q
0,00	1,00000	-1400	0	1,00000	-1200	0	1,00000	-1000	0	0,00
01	0,98600	-1400	0	0,98800	-1200	0	0,99000	-1000	0	01
02	0,97200	-1400	0	0,97600	-1200	0	0,98000	-1000	0	02
03	0,95800	-1400	0	0,96400	-1200	0	0,97000	-1000	0	03
04	0,94400	-1400	0	0,95200	-1200	0	0,96000	-1001	-1	04
05	0,93000	-1400	0	0,94000	-1201	-1	0,94999	-1000	+1	05
06	0,91600	-1400	0	0,92799	-1200	+1	0,93999	-1001	-1	06
07	0,90200	-1400	0	0,91599	-1201	-1	0,92998	-1002	-1	07
08	0,88800	-1400	0	0,90398	-1202	-1	0,91996	-1003	-1	08
09	0,87400	-1400	0	0,89196	-1202	0	0,90993	-1003	0	09
0,10	0,86000	-1401	-1	0,87994	-1202	0	0,89990	-1005	-2	0,10
11	0,84599	-1400	+1	0,86792	-1204	-2	0,88985	-1006	-1	11
12	0,83199	-1400	0	0,85588	-1204	0	0,87979	-1008	-2	12
13	0,81799	-1401	-1	0,84384	-1206	-2	0,86971	-1009	-1	13
14	0,80398	-1400	+1	0,83178	-1206	0	0,85962	-1013	-4	14
15	0,78998	-1401	-1	0,81972	-1209	-3	0,84949	-1015	-2	15
16	0,77597	-1400	+1	0,80763	-1210	-1	0,83934	-1017	-2	16
17	0,76197	-1401	-1	0,79553	-1212	-2	0,82917	-1022	-5	17
18	0,74796	-1401	0	0,78341	-1214	-2	0,81895	-1025	-3	18
19	0,73395	-1401	0	0,77127	-1217	-3	0,80870	-1030	-5	19
0,20	0,71994	-1402	-1	0,75910	-1219	-2	0,79840	-1034	-4	0,20
21	0,70592	-1401	+1	0,74691	-1222	-3	0,78806	-1040	-6	21
22	0,69191	-1402	-1	0,73469	-1225	-3	0,77766	-1045	-5	22
23	0,67789	-1402	0	0,72244	-1229	-4	0,76721	-1052	-7	23
24	0,66387	-1402	0	0,71015	-1233	-4	0,75669	-1059	-7	24
25	0,64985	-1402	0	0,69782	-1237	-4	0,74610	-1066	-7	25
26	0,63583	-1403	-1	0,68545	-1241	-4	0,73544	-1074	-8	26
27	0,62180	-1403	0	0,67304	-1246	-5	0,72470	-1083	-9	27
28	0,60777	-1403	0	0,66058	-1251	-5	0,71387	-1091	-8	28
29	0,59374	-1404	-1	0,64807	-1257	-6	0,70296	-1102	-11	29
0,30	0,57970	-1403	1	0,63550	-1262	-5	0,69194	-1112	-10	0,30
31	0,56567	-1404	-1	0,62288	-1269	-7	0,68082	-1124	-12	31
32	0,55163	-1404	0	0,61019	-1274	-5	0,66958	-1135	-11	32
33	0,53759	-1404	0	0,59745	-1282	-8	0,65823	-1147	-12	33
34	0,52355	-1404	0	0,58463	-1289	-7	0,64676	-1161	-14	34
35	0,50951	-1403	+1	0,57174	-1296	-7	0,63515	-1174	-13	35
36	0,49548	-1404	-1	0,55878	-1303	-7	0,62341	-1189	-15	36
37	0,48144	-1403	+1	0,54575	-1312	-9	0,61152	-1204	-15	37
38	0,46741	-1403	0	0,53263	-1320	-8	0,59948	-1220	-16	38
39	0,45338	-1402	1	0,51943	-1328	-8	0,58728	-1236	-16	39
0,40	0,43936	-1401	1	0,50615	-1336	-8	0,57492	-1252	-16	0,40
41	0,42535	-1400	1	0,49279	-1346	-10	0,56240	-1270	-18	41
42	0,41135	-1399	1	0,47933	-1354	-8	0,54970	-1288	-18	42
43	0,39736	-1396	3	0,46579	-1363	-9	0,53682	-1307	-19	43
44	0,38340	-1394	2	0,45216	-1371	-8	0,52375	-1325	-18	44
45	0,36946	-1392	2	0,43845	-1380	-9	0,51050	-1343	-18	45
46	0,35554	-1387	5	0,42465	-1389	-9	0,49707	-1363	-20	46
47	0,34167	-1384	3	0,41076	-1397	-8	0,48344	-1383	-20	47
48	0,32783	-1379	5	0,39679	-1404	-7	0,46961	-1401	-18	48
49	0,31404	-1373	6	0,38275	-1412	-8	0,45560	-1421	-20	49
0,50	0,30031		7	0,36863		-8	0,44139		-21	0,50

q	z=−0,4	Δ	Δ²	z=−0,3	Δ	Δ²	z=−0,2	Δ	Δ²	q
0,00	1,00000	−800	0	1,00000	−600	0	1,00000	−400	0	0,00
01	0,99200	−800	0	0,99400	−600	0	0,99600	−400	0	01
02	0,98400	−800	0	0,98800	−600	0	0,99200	−400	0	02
03	0,97600	−800	0	0,98200	−600	0	0,98800	−400	0	03
04	0,96800	−801	−1	0,97600	−601	−1	0,98400	−401	−1	04
05	0,95999	−801	0	0,96999	−601	0	0,97999	−401	0	05
06	0,95198	−801	0	0,96398	−602	−1	0,97598	−402	−1	06
07	0,94397	−803	−2	0,95796	−603	−1	0,97196	−404	−2	07
08	0,93594	−803	0	0,95193	−604	−1	0,96792	−404	0	08
09	0,92791	−805	−2	0,94589	−605	−1	0,96388	−406	−2	09
0,10	0,91986	−806	−1	0,93984	−608	−3	0,95982	−409	−3	0,10
11	0,91180	−808	−2	0,93376	−610	−2	0,95573	−411	−2	11
12	0,90372	−811	−3	0,92766	−613	−3	0,95162	−415	−4	12
13	0,89561	−813	−2	0,92153	−616	−3	0,94747	−418	−3	13
14	0,88748	−817	−4	0,91537	−620	−4	0,94329	−422	−4	14
15	0,87931	−820	−3	0,90917	−624	−4	0,93907	−428	−6	15
16	0,87111	−825	−5	0,90293	−630	−6	0,93479	−433	−5	16
17	0,86286	−829	−4	0,89663	−635	−5	0,93046	−439	−6	17
18	0,85457	−834	−5	0,89028	−642	−7	0,92607	−447	−8	18
19	0,84623	−841	−7	0,88386	−648	−6	0,92160	−454	−7	19
0,20	0,83782	−846	−5	0,87738	−657	−9	0,91706	−464	−10	0,20
21	0,82936	−854	−8	0,87081	−665	−8	0,91242	−473	−9	21
22	0,82082	−862	−8	0,86416	−675	−10	0,90769	−484	−11	22
23	0,81220	−871	−9	0,85741	−685	−10	0,90285	−495	−11	23
24	0,80349	−880	−9	0,85056	−696	−11	0,89790	−508	−13	24
25	0,79469	−889	−9	0,84360	−709	−13	0,89282	−522	−14	25
26	0,78580	−901	−12	0,83651	−721	−12	0,88760	−537	−15	26
27	0,77679	−913	−12	0,82930	−736	−15	0,88223	−553	−16	27
28	0,76766	−925	−12	0,82194	−752	−16	0,87670	−570	−17	28
29	0,75841	−939	−14	0,81442	−767	−15	0,87100	−588	−18	29
0,30	0,74902	−953	−14	0,80675	−785	−18	0,86512	−608	−20	0,30
31	0,73949	−968	−15	0,79890	−804	−19	0,85904	−629	−21	31
32	0,72981	−985	−17	0,79086	−824	−20	0,85275	−652	−23	32
33	0,71996	−1002	−17	0,78262	−844	−20	0,84623	−675	−23	33
34	0,70994	−1020	−18	0,77418	−867	−23	0,83948	−700	−25	34
35	0,69974	−1039	−19	0,76551	−889	−22	0,83248	−727	−27	35
36	0,68935	−1059	−20	0,75662	−915	−26	0,82521	−755	−28	36
37	0,67876	−1081	−22	0,74747	−940	−25	0,81766	−784	−29	37
38	0,66795	−1102	−21	0,73807	−968	−28	0,80982	−815	−31	38
39	0,65693	−1125	−23	0,72839	−996	−28	0,80167	−848	−33	39
0,40	0,64568	−1149	−24	0,71843	−1025	−29	0,79319	−881	−33	0,40
41	0,63419	−1174	−25	0,70818	−1057	−32	0,78438	−917	−36	41
42	0,62245	−1200	−26	0,69761	−1088	−31	0,77521	−954	−37	42
43	0,61045	−1226	−26	0,68673	−1122	−34	0,76567	−993	−39	43
44	0,59819	−1253	−27	0,67551	−1156	−34	0,75574	−1033	−40	44
45	0,58566	−1281	−28	0,66395	−1192	−36	0,74541	−1074	−41	45
46	0,57285	−1310	−29	0,65203	−1228	−36	0,73467	−1118	−44	46
47	0,55975	−1339	−29	0,63975	−1266	−38	0,72349	−1162	−44	47
48	0,54636	−1369	−30	0,62709	−1305	−39	0,71187	−1208	−46	48
49	0,53267	−1398	−29	0,61404	−1344	−39	0,69979	−1255	−47	49
0,50	0,51869		−31	0,60060		−40	0,68724		−48	0,50

q	$z=-0,1$	Δ	Δ^2	$z=0,0$	Δ	Δ^2	$z=0,1$	Δ	Δ^2	q
0,00	1,00000	−200	0	1,00000	0	0	1,00000	200	0	0,00
01	0,99800	−200	0	1,00000	0	0	1,00200	200	0	01
02	0,99600	−200	0	1,00000	0	0	1,00400	200	0	02
03	0,99400	−201	−1	1,00000	−1	−1	1,00600	199	−1	03
04	0,99199	−200	+1	0,99999	0	+1	1,00799	200	+1	04
05	0,98999	−202	−2	0,99999	−2	−2	1,00999	198	−2	05
06	0,98797	−202	0	0,99997	−2	0	1,01197	198	0	06
07	0,98595	−203	−1	0,99995	−3	−1	1,01395	197	−1	07
08	0,98392	−205	−2	0,99992	−5	−2	1,01592	195	−2	08
09	0,98187	−207	−2	0,99987	−7	−2	1,01787	193	−2	09
0,10	0,97980	−209	−2	0,99980	−9	−2	1,01980	191	−2	0,10
11	0,97771	−212	−3	0,99971	−12	−3	1,02171	188	−3	11
12	0,97559	−215	−3	0,99959	−16	−4	1,02359	185	−3	12
13	0,97344	−219	−4	0,99943	−20	−4	1,02544	181	−4	13
14	0,97125	−224	−5	0,99923	−24	−4	1,02725	176	−5	14
15	0,96901	−229	−5	0,99899	−30	−6	1,02901	171	−5	15
16	0,96672	−236	−7	0,99869	−36	−6	1,03072	164	−7	16
17	0,96436	−242	−6	0,99833	−43	−7	1,03236	158	−6	17
18	0,96194	−249	−7	0,99790	−51	−8	1,03394	151	−7	18
19	0,95945	−259	−10	0,99739	−59	−8	1,03545	141	−10	19
0,20	0,95686	−267	−8	0,99680	−69	−10	1,03686	133	−8	0,20
21	0,95419	−278	−11	0,99611	−80	−11	1,03819	122	−11	21
22	0,95141	−289	−11	0,99531	−91	−11	1,03941	110	−12	22
23	0,94852	−302	−13	0,99440	−104	−13	1,04051	99	−11	23
24	0,94550	−315	−13	0,99336	−117	−13	1,04150	84	−15	24
25	0,94235	−330	−15	0,99219	−133	−16	1,04234	70	−14	25
26	0,93905	−346	−16	0,99086	−149	−16	1,04304	54	−16	26
27	0,93559	−363	−17	0,98937	−166	−17	1,04358	37	−17	27
28	0,93196	−381	−18	0,98771	−186	−20	1,04395	18	−19	28
29	0,92815	−401	−20	0,98585	−205	−19	1,04413	−2	−20	29
0,30	0,92414	−423	−22	0,98380	−227	−22	1,04411	−23	−21	0,30
31	0,91991	−444	−21	0,98153	−250	−23	1,04388	−45	−22	31
32	0,91547	−469	−25	0,97903	−275	−25	1,04343	−70	−25	32
33	0,91078	−494	−25	0,97628	−301	−26	1,04273	−96	−26	33
34	0,90584	−521	−27	0,97327	−328	−27	1,04177	−123	−27	34
35	0,90063	−549	−28	0,96999	−358	−30	1,04054	−152	−29	35
36	0,89514	−580	−31	0,96641	−389	−31	1,03902	−183	−31	36
37	0,88934	−611	−31	0,96252	−422	−33	1,03719	−216	−33	37
38	0,88323	−645	−34	0,95830	−457	−35	1,03503	−250	−34	38
39	0,87678	−680	−35	0,95373	−493	−36	1,03253	−286	−36	39
0,40	0,86998	−717	−37	0,94880	−531	−38	1,02967	−325	−39	0,40
41	0,86281	−756	−39	0,94349	−572	−41	1,02642	−365	−40	41
42	0,85525	−796	−40	0,93777	−614	−42	1,02277	−407	−42	42
43	0,84729	−838	−42	0,93163	−659	−45	1,01870	−452	−45	43
44	0,83891	−883	−45	0,92504	−705	−46	1,01418	−499	−47	44
45	0,83008	−928	−45	0,91799	−753	−48	1,00919	−549	−50	45
46	0,82080	−977	−49	0,91046	−804	−51	1,00370	−599	−50	46
47	0,81103	−1026	−49	0,90242	−857	−53	0,99771	−654	−55	47
48	0,80077	−1078	−52	0,89385	−912	−55	0,99117	−710	−56	48
49	0,78999	−1131	−53	0,88473	−970	−58	0,98407	−770	−60	49
0,50	0,77868		−54	0,87503		−60	0,97637		−63	0,50

q	$z = 0,2$	Δ	Δ^2	$z = 0,3$	Δ	Δ^2	$z = 0,4$	Δ	Δ^2	q
0,00	1,00000	400	0	1,00000	600	0	1,00000	800	0	0,00
01	1,00400	400	0	1,00600	600	0	1,00800	800	0	01
02	1,00800	400	0	1,01200	600	0	1,01600	800	0	02
03	1,01200	400	0	1,01800	600	0	1,02400	800	0	03
04	1,01600	400	−1	1,02400	600	−1	1,03200	800	−1	04
05	1,01999	399	0	1,02999	599	0	1,03999	799	0	05
06	1,02398	399	−1	1,03598	599	−1	1,04798	799	0	06
07	1,02796	398	−2	1,04196	598	−1	1,05597	799	−2	07
08	1,03192	396	0	1,04793	597	−1	1,06394	797	0	08
09	1,03588	396	−2	1,05389	596	−1	1,07191	797	−2	09
		394			595			795		
0,10	1,03982	391	−3	1,05984	592	−3	1,07986	794	−1	0,10
11	1,04373	389	−2	1,06576	590	−2	1,08780	792	−2	11
12	1,04762	385	−4	1,07166	587	−3	1,09572	789	−3	12
13	1,05147	382	−3	1,07753	584	−3	1,10361	787	−2	13
14	1,05529	378	−4	1,08337	580	−4	1,11148	783	−4	14
15	1,05907	372	−6	1,08917	576	−4	1,11931	780	−3	15
16	1,06279	367	−5	1,09493	570	−6	1,12711	775	−5	16
17	1,06646	361	−6	1,10063	565	−5	1,13486	771	−4	17
18	1,07007	353	−8	1,10628	558	−7	1,14257	766	−5	18
19	1,07360	346	−7	1,11186	552	−6	1,15023	759	−7	19
0,20	1,07706	336	−10	1,11738	543	−9	1,15782	753	−6	0,20
21	1,08042	327	−9	1,12281	535	−8	1,16535	746	−7	21
22	1,08369	316	−11	1,12816	525	−10	1,17281	738	−8	22
23	1,08685	304	−12	1,13341	514	−11	1,18019	729	−9	23
24	1,08989	292	−12	1,13855	504	−10	1,18748	720	−9	24
25	1,09281	278	−14	1,14359	491	−13	1,19468	709	−11	25
26	1,09559	262	−16	1,14850	477	−14	1,20177	699	−10	26
27	1,09821	247	−15	1,15327	463	−14	1,20876	686	−13	27
28	1,10068	229	−18	1,15790	448	−15	1,21562	673	−13	28
29	1,10297	210	−19	1,16238	430	−18	1,22235	660	−13	29
0,30	1,10507	191	−19	1,16668	413	−17	1,22895	644	−16	0,30
31	1,10698	169	−22	1,17081	394	−19	1,23539	628	−16	31
32	1,10867	146	−23	1,17475	373	−21	1,24167	611	−17	32
33	1,11013	121	−25	1,17848	351	−22	1,24778	593	−18	33
34	1,11134	96	−25	1,18199	327	−24	1,25371	573	−20	34
35	1,11230	68	−28	1,18526	303	−24	1,25944	553	−20	35
36	1,11298	39	−29	1,18829	277	−26	1,26497	530	−23	36
37	1,11337	8	−31	1,19106	248	−29	1,27027	506	−24	37
38	1,11345	−25	−33	1,19354	219	−29	1,27533	481	−25	38
39	1,11320	−60	−35	1,19573	187	−32	1,28014	455	−26	39
0,40	1,11260	−97	−37	1,19760	154	−33	1,28469	426	−29	0,40
41	1,11163	−135	−38	1,19914	118	−36	1,28895	396	−30	41
42	1,11028	−175	−40	1,20032	82	−36	1,29291	365	−31	42
43	1,10853	−219	−44	1,20114	41	−41	1,29656	330	−35	43
44	1,10634	−265	−46	1,20155	0	−41	1,29986	294	−36	44
45	1,10369	−312	−47	1,20155	−44	−44	1,30280	256	−38	45
46	1,10057	−362	−50	1,20111	−91	−47	1,30536	216	−40	46
47	1,09695	−415	−53	1,20020	−140	−49	1,30752	173	−43	47
48	1,09280	−471	−56	1,19880	−191	−51	1,30925	127	−46	48
49	1,08809	−529	−58	1,19689	−247	−56	1,31052	79	−48	49
0,50	1,08280		−60	1,19442		−58	1,31131		−50	0,50

q	z = 0,5	Δ	Δ²	z = 0,6	Δ	Δ²	z = 0,7	Δ	Δ²	q
0,00	1,00000	1000	0	1,00000	1200	0	1,00000	1400	0	0,00
01	1,01000	1000	0	1,01200	1200	0	1,01400	1400	0	01
02	1,02000	1000	0	1,02400	1200	0	1,02800	1400	0	02
03	1,03000	1000	0	1,03600	1200	0	1,04200	1400	0	03
04	1,04000	999	−1	1,04800	1200	0	1,05600	1400	0	04
05	1,04999	1000	+1	1,06000	1199	−1	1,07000	1400	0	05
06	1,05999	999	−1	1,07199	1200	+1	1,08400	1400	0	06
07	1,06998	998	−1	1,08399	1199	−1	1,09800	1400	0	07
08	1,07996	997	−1	1,09598	1198	−1	1,11200	1400	0	08
09	1,08993	997	0	1,10796	1198	0	1,12600	1400	0	09
0,10	1,09990	995	−2	1,11994	1198	0	1,14000	1399	−1	0,10
11	1,10985	994	−1	1,13192	1196	−2	1,15399	1400	+1	11
12	1,11979	992	−2	1,14388	1196	0	1,16799	1400	0	12
13	1,12971	991	−1	1,15584	1194	−2	1,18199	1400	−1	13
14	1,13962	987	−4	1,16778	1194	0	1,19598	1399	+1	14
15	1,14949	985	−2	1,17972	1191	−3	1,20998	1400	−1	15
16	1,15934	982	−3	1,19163	1190	−1	1,22397	1399	+1	16
17	1,16916	979	−3	1,20353	1188	−2	1,23797	1400	−1	17
18	1,17895	975	−4	1,21541	1186	−2	1,25196	1399	0	18
19	1,18870	970	−5	1,22727	1183	−3	1,26595	1399	0	19
0,20	1,19840	965	−5	1,23910	1181	−2	1,27994	1398	−1	0,20
21	1,20805	961	−4	1,25091	1178	−3	1,29392	1398	0	21
22	1,21766	954	−7	1,26269	1174	−4	1,30790	1399	+1	22
23	1,22720	948	−6	1,27443	1171	−3	1,32189	1397	−2	23
24	1,23668	941	−7	1,28614	1167	−4	1,33586	1398	+1	24
25	1,24609	933	−8	1,29781	1162	−5	1,34984	1397	−1	25
26	1,25542	925	−8	1,30943	1158	−4	1,36381	1397	0	26
27	1,26467	916	−9	1,32101	1153	−5	1,37778	1396	−1	27
28	1,27383	907	−9	1,33254	1147	−6	1,39174	1396	0	28
29	1,28290	896	−11	1,34401	1142	−5	1,40570	1395	−1	29
0,30	1,29186	885	−11	1,35543	1135	−7	1,41965	1394	−1	0,30
31	1,30071	873	−12	1,36678	1128	−7	1,43359	1394	0	31
32	1,30944	861	−12	1,37806	1121	−7	1,44753	1393	−1	32
33	1,31805	847	−14	1,38927	1113	−8	1,46146	1392	−1	33
34	1,32652	832	−15	1,40040	1105	−8	1,47538	1390	−2	34
35	1,33484	816	−16	1,41145	1095	−10	1,48928	1390	0	35
36	1,34300	800	−16	1,42240	1086	−9	1,50318	1388	−2	36
37	1,35100	782	−18	1,43326	1075	−11	1,51706	1387	−1	37
38	1,35882	763	−19	1,44401	1064	−11	1,53093	1384	−3	38
39	1,36645	743	−20	1,45465	1052	−12	1,54477	1382	−2	39
0,40	1,37388	721	−22	1,46517	1039	−13	1,55859	1380	−2	0,40
41	1,38109	698	−23	1,47556	1025	−14	1,57239	1377	−3	41
42	1,38807	674	−24	1,48581	1010	−15	1,58616	1374	−3	42
43	1,39481	647	−27	1,49591	994	−16	1,59990	1370	−4	43
44	1,40128	620	−27	1,50585	977	−17	1,61360	1365	−5	44
45	1,40748	590	−30	1,51562	957	−20	1,62725	1361	−4	45
46	1,41338	558	−32	1,52519	938	−19	1,64086	1355	−6	46
47	1,41896	524	−34	1,53457	916	−22	1,65441	1348	−7	47
48	1,42420	488	−36	1,54373	892	−24	1,66789	1341	−7	48
49	1,42908	450	−38	1,55265	867	−25	1,68130	1333	−8	49
0,50	1,43358		−40	1,56132		−26	1,69463		−8	0,50

q	z = 0,8	Δ	Δ²	z = 0,9	Δ	Δ²	z = 1,0	Δ	Δ²	q
0,00	1,00000		0	1,00000		0	1,00000		0	0,00
01	1,01600	1600	0	1,01800	1800	0	1,02000	2000	0	01
02	1,03200	1600	0	1,03600	1800	0	1,04000	2000	0	02
03	1,04800	1600	0	1,05400	1800	0	1,06000	2000	+1	03
04	1,06400	1600	0	1,07200	1800	1	1,08001	2001	−1	04
05	1,08000	1600	+1	1,09001	1801	0	1,10001	2000	+2	05
06	1,09601	1601	−1	1,10802	1801	0	1,12003	2002	0	06
07	1,11201	1600	+1	1,12603	1801	1	1,14005	2002	1	07
08	1,12802	1601	1	1,14405	1802	1	1,16008	2003	2	08
09	1,14404	1602	0	1,16208	1803	1	1,18013	2005	2	09
		1602			1804			2007		
0,10	1,16006	1602	0	1,18012	1806	2	1,20020	2009	2	0,10
11	1,17608	1604	2	1,19818	1808	2	1,22029	2012	3	11
12	1,19212	1604	0	1,21626	1909	1	1,24041	2016	3	12
13	1,20816	1606	2	1,23435	1813	4	1,26057	2020	4	13
14	1,22422	1606	0	1,25248	1815	2	1,28077	2024	4	14
15	1,24028	1609	3	1,27063	1818	3	1,30101	2030	6	15
16	1,25637	1610	1	1,28881	1823	5	1,32131	2036	6	16
17	1,27247	1612	2	1,30704	1826	3	1,34167	2043	7	17
18	1,28859	1614	2	1,32530	1832	6	1,36210	2051	8	18
19	1,30473	1617	3	1,34362	1836	4	1,38261	2059	8	19
0,20	1,32090	1619	2	1,36198	1843	7	1,40320	2069	10	0,20
21	1,33709	1622	3	1,38041	1850	7	1,42389	2080	11	21
22	1,35331	1626	4	1,39891	1856	6	1,44469	2091	11	22
23	1,36957	1629	3	1,41747	1865	9	1,46560	2104	13	23
24	1,38586	1632	3	1,43612	1873	8	1,48664	2118	14	24
25	1,40218	1638	6	1,45485	1882	9	1,50782	2133	15	25
26	1,41856	1641	3	1,47367	1892	10	1,52915	2149	16	26
27	1,43497	1646	5	1,49259	1904	12	1,55064	2167	18	27
28	1,45143	1652	6	1,51163	1915	11	1,57231	2186	19	28
29	1,46795	1657	5	1,53078	1927	12	1,59417	2207	21	29
0,30	1,48452	1663	6	1,55005	1941	14	1,61624	2228	21	0,30
31	1,50115	1670	7	1,56946	1956	15	1,63852	2252	24	31
32	1,51785	1676	6	1,58902	1971	15	1,66104	2277	25	32
33	1,53461	1683	7	1,60873	1987	16	1,68381	2304	27	33
34	1,55144	1691	8	1,62860	2004	17	1,70685	2332	28	34
35	1,56835	1698	7	1,64864	2023	19	1,73017	2363	31	35
36	1,58533	1707	9	1,66887	2043	20	1,75380	2394	31	36
37	1,60240	1716	9	1,68930	2063	20	1,77774	2429	35	37
38	1,61956	1725	9	1,70993	2085	22	1,80203	2466	37	38
39	1,63681	1734	9	1,73078	2108	23	1,82669	2504	38	39
0,40	1,65415	1744	10	1,75186	2132	24	1,85173	2544	40	0,40
41	1,67159	1755	11	1,77318	2158	26	1,87717	2588	44	41
42	1,68914	1765	10	1,79476	2185	27	1,90305	2633	45	42
43	1,70679	1776	11	1,81661	2213	28	1,92938	2682	49	43
44	1,72455	1788	12	1,83874	2243	30	1,95620	2733	51	44
45	1,74243	1799	11	1,86117	2275	32	1,98353	2787	54	45
46	1,76042	1811	12	1,88392	2307	32	2,01140	2844	57	46
47	1,77853	1823	12	1,90699	2341	34	2,03984	2905	61	47
48	1,79676	1836	13	1,93040	2378	37	2,06889	2968	63	48
49	1,81512	1848	12	1,95418	2416	38	2,09857	3037	69	49
0,50	1,83360		13	1,97834		40	2,12894		73	0,50

Tabelle V

Tafel für die Umrechnung zwischen Legendreschem Modul Θ und dem Jacobischen Parameter q

mit Werten für $\frac{1}{1-q}$, K, K/E und Θ

in Abhängigkeit von $-\lg \cos \Theta = -\lg k'$

für $-\lg k' = 0{,}00$ bis $2{,}50$ in Schritten von $0{,}01$.

Table V

Conversion table for Legendre's Modulus Θ and Jacobi's Parameter q

with values of $\frac{1}{1-q}$, K, K/E and Θ

as dependent variables of $-\lg \cos \Theta = -\lg k'$

when $-\lg k'$ increases from 0.00 to 2.50 by increments of 0.01.
In these tables logarithms to the base 10 are denoted by „lg".

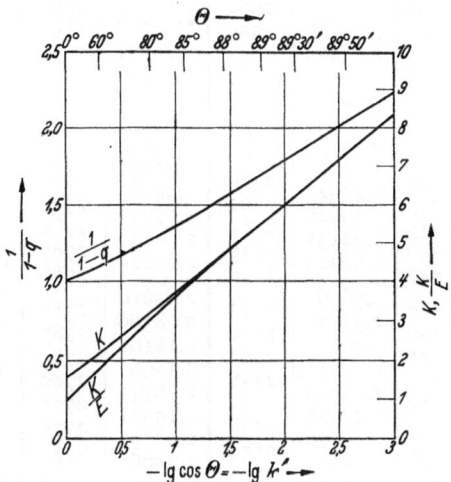

Abb. 11. Zur Umrechnung zwischen Θ und q
K = vollständiges elliptisches Integral 1. Gattung
E = vollständiges elliptisches Integral 2. Gattung

Fig. 11. Conversion from Θ to q
K = complete elliptical integral, first kind
E = complete elliptical integral, second kind

$$\frac{1}{1-q},\ K(q),\ K/E,\ \Theta$$

$-\lg k'$	$\dfrac{1}{1-q}$	Δ	$K(q)$	Δ	K/E	Δ	Θ	$-\lg k'$
0,00	1,00000	289	1,57080	1813	1,00000	2316	0° 0,00′	0,00
01	1,00289	290	1,58893	1824	1,02316	2341	12° 14,90′	01
02	1,00579	292	1,60717	1834	1,04657	2367	17° 15,32′	02
03	1,00871	293	1,62551	1844	1,07024	2392	21° 3,17′	03
04	1,01164	296	1,64395	1854	1,09416	2415	24° 12,92′	04
05	1,01460	297	1,66249	1864	1,11831	2439	26° 58,15′	05
06	1,01757	298	1,68113	1874	1,14270	2461	29° 25,75′	06
07	1,02055	300	1,69987	1883	1,16731	2482	31° 39,86′	07
08	1,02355	302	1,71870	1892	1,19213	2504	33° 43,18′	08
09	1,02657	303	1,73762	1902	1,21717	2524	35° 37,60′	09
0,10	1,02960	305	1,75664	1911	1,24241	2544	37° 24,49′	0,10
11	1,03265	307	1,77575	1920	1,26785	2562	39° 4,91′	11
12	1,03572	308	1,79495	1928	1,29347	2580	40° 39,66′	12
13	1,03880	309	1,81423	1938	1,31927	2598	42° 9,41′	13
14	1,04189	312	1,83361	1946	1,34525	2613	43° 34,68′	14
15	1,04501	312	1,85307	1955	1,37138	2630	44° 55,92′	15
16	1,04813	315	1,87262	1962	1,39768	2644	46° 13,49′	16
17	1,05128	315	1,89224	1972	1,42412	2658	47° 27,70′	17
18	1,05443	318	1,91196	1979	1,45070	2671	48° 38,83′	18
19	1,05761	319	1,93175	1987	1,47741	2684	49° 47,12′	19
0,20	1,06080	320	1,95162	1995	1,50425	2696	50° 52,75′	0,20
21	1,06400	322	1,97157	2002	1,53121	2706	51° 55,93′	21
22	1,06722	323	1,99159	2010	1,55827	2717	52° 56,79′	22
23	1,07045	325	2,01169	2018	1,58544	2726	53° 55,50′	23
24	1,07370	327	2,03187	2024	1,61270	2735	54° 52,17′	24
25	1,07697	328	2,05211	2032	1,64005	2742	55° 46,93′	25
26	1,08025	329	2,07243	2039	1,66747	2750	56° 39,87′	26
27	1,08354	331	2,09282	2046	1,69497	2757	57° 31,09′	27
28	1,08685	332	2,11328	2052	1,72254	2762	58° 20,68′	28
29	1,09017	333	2,13380	2059	1,75016	2768	59° 8,72′	29
0,30	1,09350	335	2,15439	2066	1,77784	2772	59° 55,29′	0,30
31	1,09685	337	2,17505	2071	1,80556	2776	60° 40,44′	31
32	1,10022	337	2,19576	2078	1,83332	2779	61° 24,24′	32
33	1,10359	340	2,21654	2084	1,86111	2782	62° 6,76′	33
34	1,10699	340	2,23738	2090	1,88893	2784	62° 48,04′	34
35	1,11039	342	2,25828	2096	1,91677	2786	63° 28,13′	35
36	1,11381	343	2,27924	2102	1,94463	2786	64° 7,09′	36
37	1,11724	345	2,30026	2107	1,97249	2788	64° 44,96′	37
38	1,12069	346	2,32133	2112	2,00037	2787	65° 21,77′	38
39	1,12415	347	2,34245	2118	2,02824	2786	65° 57,58′	39
0,40	1,12762	348	2,36363	2123	2,05610	2786	66° 32,41′	0,40
41	1,13110	350	2,38486	2128	2,08396	2785	67° 6,29′	41
42	1,13460	351	2,40614	2133	2,11181	2782	67° 39,27′	42
43	1,13811	352	2,42747	2138	2,13963	2780	68° 11,38′	43
44	1,14163	354	2,44885	2143	2,16743	2778	68° 42,64′	44
45	1,14517	354	2,47028	2148	2,19521	2775	69° 13,08′	45
46	1,14871	356	2,49176	2151	2,22296	2771	69° 42,73′	46
47	1,15227	358	2,51327	2157	2,25067	2768	70° 11,61′	47
48	1,15585	358	2,53484	2160	2,27835	2764	70° 39,75′	48
49	1,15943	359	2,55644	2165	2,30599	2760	71° 7,18′	49
0,50	1,16302		2,57809		2,33359		71° 33,90′	0,50

$-\lg k'$	$\dfrac{1}{1-q}$	Δ	$K(q)$	Δ	K/E	Δ	Θ	$-\lg k'$
0,50	1,16302	361	2,57809	2169	2,33359	2755	71° 33,90′	0,50
51	1,16663	362	2,59978	2173	2,36114	2751	71° 59,95′	51
52	1,17025	363	2,62151	2177	2,38865	2746	72° 25,35′	52
53	1,17388	364	2,64328	2181	2,41611	2740	72° 50,11′	53
54	1,17752	366	2,66509	2184	2,44351	2735	73° 14,26′	54
55	1,18118	366	2,68693	2188	2,47086	2730	73° 37,80′	55
56	1,18484	368	2,70881	2191	2,49816	2724	74° 0,77′	56
57	1,18852	368	2,73072	2195	2,52540	2718	74° 23,17′	57
58	1,19220	370	2,75267	2198	2,55258	2712	74° 45,02′	58
59	1,19590	371	2,77465	2202	2,57970	2706	75° 6,33′	59
0,60	1,19961	372	2,79667	2204	2,60676	2700	75° 27,13′	0,60
61	1,20333	372	2,81871	2208	2,63376	2693	75° 47,42′	61
62	1,20705	374	2,84079	2211	2,66069	2688	76° 7,22′	62
63	1,21079	375	2,86290	2213	2,68757	2680	76° 26,54′	63
64	1,21454	376	2,88503	2217	2,71437	2674	76° 45,40′	64
65	1,21830	377	2,90720	2219	2,74111	2668	77° 3,81′	65
66	1,22207	378	2,92939	2221	2,76779	2661	77° 21,77′	66
67	1,22585	379	2,95160	2225	2,79440	2654	77° 39,31′	67
68	1,22964	380	2,97385	2227	2,82094	2648	77° 56,42′	68
69	1,23344	381	2,99612	2229	2,84742	2641	78° 13,13′	69
0,70	1,23725	381	3,01841	2232	2,87383	2635	78° 29,44′	0,70
71	1,24106	383	3,04073	2234	2,90018	2628	78° 45,37′	71
72	1,24489	383	3,06307	2236	2,92646	2621	79° 0,92′	72
73	1,24872	385	3,08543	2238	2,95267	2614	79° 16,10′	73
74	1,25257	385	3,10781	2241	2,97881	2609	79° 30,93′	74
75	1,25642	387	3,13022	2243	3,00490	2601	79° 45,40′	75
76	1,26029	387	3,15265	2244	3,03091	2595	79° 59,54′	76
77	1,26416	388	3,17509	2247	3,05686	2589	80° 13,34′	77
78	1,26804	389	3,19756	2248	3,08275	2582	80° 26,82′	78
79	1,27193	389	3,22004	2250	3,10857	2576	80° 39,99′	79
0,80	1,27582	391	3,24254	2252	3,13433	2570	80° 52,85′	0,80
81	1,27973	391	3,26506	2254	3,16003	2563	81° 5,40′	81
82	1,28364	392	3,28760	2255	3,18566	2558	81° 17,67′	82
83	1,28756	393	3,31015	2257	3,21124	2551	81° 29,65′	83
84	1,29149	394	3,33272	2258	3,23675	2546	81° 41,35′	84
85	1,29543	395	3,35530	2260	3,26221	2539	81° 52,78′	85
86	1,29938	395	3,37790	2262	3,28760	2534	82° 3,94′	86
87	1,30333	396	3,40052	2263	3,31294	2528	82° 14,84′	87
88	1,30729	397	3,42315	2264	3,33822	2523	82° 25,49′	88
89	1,31126	397	3,44579	2265	3,36345	2516	82° 35,90′	89
0,90	1,31523	398	3,46844	2267	3,38861	2512	82° 46,06′	0,90
91	1,31921	399	3,49111	2268	3,41373	2506	82° 55,99′	91
92	1,32320	400	3,51379	2270	3,43879	2501	83° 5,69′	92
93	1,32720	401	3,53649	2270	3,46380	2495	83° 15,16′	93
94	1,33121	401	3,55919	2271	3,48875	2491	83° 24,42′	94
95	1,33522	402	3,58190	2273	3,51366	2486	83° 33,46′	95
96	1,33924	402	3,60463	2274	3,53852	2480	83° 42,30′	96
97	1,34326	403	3,62737	2274	3,56332	2476	83° 50,93′	97
98	1,34729	404	3,65011	2276	3,58808	2472	83° 59,36′	98
99	1,35133	404	3,67287	2277	3,61280	2466	84° 7,60′	99
1,00	1,35537		3,69564		3,63746		84° 15,65′	1,00

$$\frac{1}{1-q},\ K(q),\ K/E,\ \Theta$$

$-\lg k'$	$\dfrac{1}{1-q}$	Δ	$K(q)$	Δ	K/E	Δ	Θ	$-\lg k'$
1,00	1,35537	405	3,69564	2277	3,63746	2462	84° 15,65′	1,00
01	1,35942	406	3,71841	2279	3,66208	2458	84° 23,51′	01
02	1,36348	407	3,74120	2279	3,68666	2453	84° 31,20′	02
03	1,36755	407	3,76399	2280	3,71119	2450	84° 38,70′	03
04	1,37162	407	3,78679	2281	3,73569	2445	84° 46,04′	04
05	1,37569	408	3,80960	2282	3,76014	2441	84° 53,20′	05
06	1,37977	409	3,83242	2282	3,78455	2437	85° 0,21′	06
07	1,38386	409	3,85524	2283	3,80892	2433	85° 7,05′	07
08	1,38795	410	3,87807	2284	3,83325	2430	85° 13,73′	08
09	1,39205	411	3,90091	2285	3,85755	2425	85° 20,26′	09
1,10	1,39616	411	3,92376	2285	3,88180	2423	85° 26,64′	1,10
11	1,40027	412	3,94661	2286	3,90603	2418	85° 32,88′	11
12	1,40439	412	3,96947	2286	3,93021	2416	85° 38,97′	12
13	1,40851	413	3,99233	2287	3,95437	2412	85° 44,92′	13
14	1,41264	413	4,01520	2288	3,97849	2408	85° 50,74′	14
15	1,41677	414	4,03808	2288	4,00257	2406	85° 56,42′	15
16	1,42091	414	4,06096	2289	4,02663	2402	86° 1,98′	16
17	1,42505	415	4,08385	2289	4,05065	2400	86° 7,40′	17
18	1,42920	415	4,10674	2290	4,07465	2397	86° 12,71′	18
19	1,43335	416	4,12964	2290	4,09862	2393	86° 17,95′	19
1,20	1,43751	416	4,15254	2290	4,12255	2391	86° 22,95′	1,20
21	1,44167	417	4,17544	2291	4,14646	2388	86° 27,90′	21
22	1,44584	417	4,19835	2292	4,17034	2386	86° 32,73′	22
23	1,45001	418	4,22127	2292	4,19420	2383	86° 37,45′	23
24	1,45419	419	4,24419	2292	4,21803	2381	86° 42,07′	24
25	1,45838	418	4,26711	2293	4,24184	2378	86° 46,58′	25
26	1,46256	419	4,29004	2293	4,26562	2376	86° 50,99′	26
27	1,46675	420	4,31297	2293	4,28938	2373	86° 55,29′	27
28	1,47095	420	4,33590	2294	4,31311	2371	86° 59,50′	28
29	1,47515	421	4,35884	2294	4,33682	2370	87° 3,61′	29
1,30	1,47936	421	4,38178	2294	4,36052	2367	87° 7,63′	1,30
31	1,48357	421	4,40472	2295	4,38419	2365	87° 11,56′	31
32	1,48778	422	4,42767	2295	4,40784	2363	87° 15,40′	32
33	1,49200	422	4,45062	2295	4,43147	2361	87° 19,15′	33
34	1,49622	423	4,47357	2296	4,45508	2359	87° 22,81′	34
35	1,50045	423	4,49653	2296	4,47867	2357	87° 26,39′	35
36	1,50468	423	4,51949	2296	4,50224	2356	87° 29,89′	36
37	1,50891	424	4,54245	2296	4,52580	2354	87° 33,31′	37
38	1,51315	424	4,56541	2297	4,54934	2352	87° 36,65′	38
39	1,51739	425	4,58838	2297	4,57286	2351	87° 39,91′	39
1,40	1,52164	425	4,61135	2297	4,59637	2349	87° 43,10′	1,40
41	1,52589	425	4,63432	2297	4,61986	2347	87° 46,22′	41
42	1,53014	426	4,65729	2297	4,64333	2347	87° 49,27′	42
43	1,53440	426	4,68026	2298	4,66680	2344	87° 52,25′	43
44	1,53866	427	4,70324	2298	4,69024	2343	87° 55,16′	44
45	1,54293	426	4,72622	2298	4,71367	2342	87° 58,00′	45
46	1,54719	428	4,74920	2298	4,73709	2341	88° 0,78′	46
47	1,55147	427	4,77218	2298	4,76050	2339	88° 3,49′	47
48	1,55574	428	4,79516	2299	4,78389	2339	88° 6,14′	48
49	1,56002	428	4,81815	2298	4,80728	2337	88° 8,74′	49
1,50	1,56430		4,84113		4,83065		88° 11,27′	1,50

$-\lg k'$	$\dfrac{1}{1-q}$	Δ	$K(q)$	Δ	K/E	Δ	Θ	$-\lg k'$
1,50	1,56430	429	4,84113	2299	4,83065	2335	88° 11,27′	1,50
51	1,56859	429	4,86412	2299	4,85400	2335	88° 13,75′	51
52	1,57288	429	4,88711	2299	4,87735	2334	88° 16,17′	52
53	1,57717	430	4,91010	2299	4,90069	2332	88° 18,53′	53
54	1,58147	430	4,93309	2300	4,92401	2332	88° 20,84′	54
55	1,58577	430	4,95609	2299	4,94733	2331	88° 23,10′	55
56	1,59007	430	4,97908	2300	4,97064	2329	88° 25,31′	56
57	1,59437	431	5,00208	2300	4,99393	2329	88° 27,46′	57
58	1,59868	431	5,02508	2299	5,01722	2328	88° 29,57′	58
59	1,60299	432	5,04807	2300	5,04050	2327	88° 31,63′	59
1,60	1,60731	431	5,07107	2300	5,06377	2326	88° 33,64′	1,60
61	1,61162	432	5,09407	2300	5,08703	2326	88° 35,60′	61
62	1,61594	433	5,11707	2301	5,11029	2324	88° 37,53′	62
63	1,62027	432	5,14008	2300	5,13353	2324	88° 39,40′	63
64	1,62459	433	5,16308	2300	5,15677	2323	88° 41,24′	64
65	1,62892	433	5,18608	2301	5,18000	2323	88° 43,03′	65
66	1,63325	434	5,20909	2301	5,20323	2321	88° 44,78′	66
67	1,63759	434	5,23210	2300	5,22644	2321	88° 46,50′	67
68	1,64193	434	5,25510	2301	5,24965	2321	88° 48,17′	68
69	1,64627	434	5,27811	2301	5,27286	2320	88° 49,81′	69
1,70	1,65061	434	5,30112	2301	5,29606	2319	88° 51,40′	1,70
71	1,65495	435	5,32413	2301	5,31925	2318	88° 52,97′	71
72	1,65930	435	5,34714	2301	5,34243	2318	88° 54,49′	72
73	1,66365	436	5,37015	2301	5,36561	2318	88° 55,98′	73
74	1,66801	435	5,39316	2301	5,38879	2317	88° 57,44′	74
75	1,67236	436	5,41617	2301	5,41196	2317	88° 58,86′	75
76	1,67672	436	5,43918	2301	5,43513	2316	89° 0,26′	76
77	1,68108	436	5,46219	2301	5,45829	2315	89° 1,62′	77
78	1,68544	437	5,48520	2302	5,48144	2315	89° 2,94′	78
79	1,68981	437	5,50822	2301	5,50459	2315	89° 4,24′	79
1,80	1,69418	437	5,53123	2302	5,52774	2314	89° 5,51′	1,80
81	1,69855	437	5,55425	2301	5,55088	2314	89° 6,75′	81
82	1,70292	437	5,57726	2302	5,57402	2313	89° 7,97′	82
83	1,70729	438	5,60028	2301	5,59715	2313	89° 9,15′	83
84	1,71167	438	5,62329	2302	5,62028	2313	89° 10,31′	84
85	1,71605	438	5,64631	2302	5,64341	2312	89° 11,44′	85
86	1,72043	438	5,66933	2301	5,66653	2312	89° 12,54′	86
87	1,72481	439	5,69234	2302	5,68965	2312	89° 13,62′	87
88	1,72920	439	5,71536	2302	5,71277	2311	89° 14,68′	88
89	1,73359	439	5,73838	2301	5,73588	2311	89° 15,71′	89
1,90	1,73798	439	5,76139	2302	5,75899	2311	89° 16,72′	1,90
91	1,74237	440	5,78441	2302	5,78210	2310	89° 17,71′	91
92	1,74677	439	5,80743	2302	5,80520	2310	89° 18,67′	92
93	1,75116	440	5,83045	2302	5,82830	2310	89° 19,61′	93
94	1,75556	440	5,85347	2302	5,85140	2310	89° 20,53′	94
95	1,75996	440	5,87649	2302	5,87450	2309	89° 21,43′	95
96	1,76436	441	5,89951	2302	5,89759	2309	89° 22,31′	96
97	1,76877	440	5,92253	2302	5,92068	2309	89° 23,16′	97
98	1,77317	441	5,94555	2302	5,94377	2309	89° 24,00′	98
99	1,77758	441	5,96857	2302	5,96686	2308	89° 24,82′	99
2,00	1,78199		5,99159		5,98994		89° 25,62′	2,00

$$\frac{1}{1-q}, K(q), K/E, \Theta$$

$-\lg k'$	$\dfrac{1}{1-q}$	Δ	$K(q)$	Δ	K/E	Δ	Θ	$-\lg k'$
2,00	1,78199		5,99159		5,98994		89° 25,62′	2,00
01	1,78640	441	6,01461	2302	6,01303	2309	89° 26,40′	01
02	1,79082	442	6,03763	2302	6,03611	2308	89° 27,17′	02
03	1,79523	441	6,06065	2302	6,05919	2308	89° 27,92′	03
04	1,79965	442	6,08367	2302	6,08226	2307	89° 28,65′	04
05	1,80407	442	6,10670	2303	6,10534	2308	89° 29,36′	05
06	1,80849	442	6,12972	2302	6,12841	2307	89° 30,06′	06
07	1,81292	443	6,15274	2302	6,15148	2307	89° 30,74′	07
08	1,81734	442	6,17576	2302	6,17455	2307	89° 31,41′	08
09	1,82177	443	6,19878	2302	6,19762	2307	89° 32,06′	09
		443		2303		2306		
2,10	1,82620		6,22181		6,22068		89° 32,69′	2,10
11	1,83063	443	6,24483	2302	6,24375	2307	89° 33,31′	11
12	1,83506	443	6,26785	2302	6,26681	2306	89° 33,92′	12
13	1,83949	443	6,29087	2302	6,28987	2306	89° 34,52′	13
14	1,84392	443	6,31390	2303	6,31293	2306	89° 35,10′	14
15	1,84836	444	6,33692	2302	6,33599	2306	89° 35,66′	15
16	1,85280	444	6,35994	2302	6,35905	2306	89° 36,22′	16
17	1,85724	444	6,38297	2303	6,38211	2306	89° 36,76′	17
18	1,86168	444	6,40599	2302	6,40516	2305	89° 37,29′	18
19	1,86612	444	6,42901	2302	6,42822	2306	89° 37,80′	19
		445		2303		2305		
2,20	1,87057		6,45204		6,45127		89° 38,31′	2,20
21	1,87501	444	6,47506	2302	6,47432	2305	89° 38,80′	21
22	1,87946	445	6,49808	2302	6,49738	2306	89° 39,29′	22
23	1,88390	444	6,52111	2303	6,52043	2305	89° 39,76′	23
24	1,88836	446	6,54413	2302	6,54348	2305	89° 40,22′	24
25	1,89281	445	6,56715	2302	6,56652	2304	89° 40,67′	25
26	1,89727	446	6,59018	2303	6,58957	2305	89° 41,11′	26
27	1,90172	445	6,61320	2302	6,61262	2305	89° 41,54′	27
28	1,90618	446	6,63623	2303	6,63567	2305	89° 41,96′	28
29	1,91063	445	6,65925	2302	6,65871	2304	89° 42,37′	29
		446		2303		2305		
2,30	1,91509		6,68228		6,68176		89° 42,77′	2,30
31	1,91955	446	6,70530	2302	6,70480	2304	89° 43,16′	31
32	1,92401	446	6,72832	2302	6,72784	2304	89° 43,55′	32
33	1,92848	447	6,75135	2303	6,75089	2305	89° 43,92′	33
34	1,93294	446	6,77437	2302	6,77393	2304	89° 44,29′	34
35	1,93741	447	6,79740	2303	6,79697	2304	89° 44,64′	35
36	1,94188	447	6,82042	2302	6,82001	2304	89° 44,99′	36
37	1,94634	446	6,84345	2303	6,84305	2304	89° 45,34′	37
38	1,95081	447	6,86647	2302	6,86609	2304	89° 45,67′	38
39	1,95528	447	6,88950	2303	6,88913	2304	89° 46,00′	39
		448		2302		2304		
2,40	1,95976		6,91252		6,91217		89° 46,31′	2,40
41	1,96423	447	6,93555	2303	6,93521	2304	89° 46,62′	41
42	1,96870	447	6,95857	2302	6,95825	2304	89° 46,93′	42
43	1,97318	448	6,98160	2303	6,98128	2303	89° 47,23′	43
44	1,97766	448	7,00462	2302	7,00432	2304	89° 47,52′	44
45	1,98214	448	7,02765	2303	7,02736	2304	89° 47,80′	45
46	1,98662	448	7,05067	2302	7,05039	2303	89° 48,08′	46
47	1,99110	448	7,07370	2303	7,07343	2304	89° 48,35′	47
48	1,99558	448	7,09672	2302	7,09647	2304	89° 48,62′	48
49	2,00006	448	7,11975	2303	7,11950	2303	89° 48,88′	49
2,50	2,00455	449	7,14277	2302	7,14254	2304	89° 49,13′	2,50

Tabelle VI
Tafeln der Koeffizienten für die Interpolation nach Everett

Table VI
Tables of coefficients for Everett's interpolation method

t	$\binom{t+1}{3}$	Δ	$\dfrac{3t^2-1}{6}$	Δ	$\binom{s+1}{3}$	Δ	$\dfrac{3s^2-1}{6}$	Δ	s
0,00	0,0000		−0,1667		0,0000		0,3333		1,00
		−17		1		33		99	
01	−0,0017		−0,1666		−0,0033		0,3234		99
		−16		1		32		99	
02	−0,0033		−0,1665		−0,0065		0,3135		98
		−17		3		31		97	
03	−0,0050		−0,1662		−0,0096		0,3038		97
		−17		3		29		97	
04	−0,0067		−0,1659		−0,0125		0,2941		96
		−16		5		29		95	
05	−0,0083		−0,1654		−0,0154		0,2846		95
		−17		5		28		95	
06	−0,0100		−0,1649		−0,0182		0,2751		94
		−16		7		27		93	
07	−0,0116		−0,1642		−0,0209		0,2658		93
		−16		7		27		93	
08	−0,0132		−0,1635		−0,0236		0,2565		92
		−17		9		25		91	
09	−0,0149		−0,1626		−0,0261		0,2474		91
		−16		9		24		91	
0,10	−0,0165		−0,1617		−0,0285		0,2383		0,90
		−16		11		23		89	
11	−0,0181		−0,1606		−0,0308		0,2294		89
		−16		11		23		89	
12	−0,0197		−0,1595		−0,0331		0,2205		88
		−16		13		21		87	
13	−0,0213		−0,1582		−0,0352		0,2118		87
		−16		13		21		87	
14	−0,0229		−0,1569		−0,0373		0,2031		86
		−15		15		20		85	
15	−0,0244		−0,1554		−0,0393		0,1946		85
		−16		15		19		85	
16	−0,0260		−0,1539		−0,0412		0,1861		84
		−15		17		18		83	
17	−0,0275		−0,1522		−0,0430		0,1778		83
		−15		17		18		83	
18	−0,0290		−0,1505		−0,0448		0,1695		82
		−15		19		16		81	
19	−0,0305		−0,1486		−0,0464		0,1614		81
		−15		19		16		81	
0,20	−0,0320		−0,1467		−0,0480		0,1533		0,80
		−15		21		15		79	
21	−0,0335		−0,1446		−0,0495		0,1454		79
		−14		21		14		79	
22	−0,0349		−0,1425		−9,0409		0,1375		78
		−14		23		13		77	
23	−0,0363		−0,1402		−0,0522		0,1298		77
		−14		23		13		77	
24	−0,0377		−0,1379		−0,0535		0,1221		76
		−14		25		12		75	
25	−0,0391		−0,1354		−0,0547		0,1146		75
		−13		25		11		75	
26	−0,0404		−0,1329		−0,0558		0,1071		74
		−13		27		10		73	
27	−0,0417		−0,1302		−0,0568		0,0998		73
		−13		27		10		73	
28	−0,0430		−0,1275		−0,0578		0,0925		72
		−13		29		9		71	
29	−0,0443		−0,1246		−0,0587		0,0854		71
		−12		29		8		71	
0,30	−0,0455		−0,1217		−0,0595		0,0783		0,70

s	$\binom{s+1}{3}$	Δ	$\dfrac{3s^2-1}{6}$	Δ	$\binom{t+1}{3}$	Δ	$\dfrac{3t^2-1}{6}$	Δ	t

t	$\binom{t+1}{3}$	Δ	$\dfrac{3t^2-1}{6}$	Δ	$\binom{s+1}{3}$	Δ	$\dfrac{3s^2-1}{6}$	Δ	s
0,30	−0,0455		−0,1217		−0,0595		0,0783		0,70
31	−0,0467	−12	−0,1186	31	−0,0602	7	0,0714	69	69
32	−0,0479	−12	−0,1155	31	−0,0609	7	0,0645	69	68
33	−0,0490	−11	−0,1122	33	−0,0615	6	0,0578	67	67
34	−0,0501	−11	−0,1089	33	−0,0621	6	0,0511	67	66
35	−0,0512	−11	−0,1054	35	−0,0626	5	0,0446	65	65
36	−0,0522	−10	−0,1019	35	−0,0630	4	0,0381	65	64
37	−0,0532	−10	−0,0982	37	−0,0633	3	0,0318	63	63
38	−0,0542	−10	−0,0945	37	−0,0636	3	0,0255	63	62
39	−0,0551	−9	−0,0906	39	−0,0638	2	0,0194	61	61
		−9		39		2		61	
0,40	−0,0560		−0,0867		−0,0640		0,0133		0,60
41	−0,0568	−8	−0,0826	41	−0,0641	1	0,0074	59	59
42	−0,0577	−9	−0,0785	41	−0,0641	0	0,0015	59	58
43	−0,0584	−7	−0,0742	43	−0,0641	0	−0,0042	57	57
44	−0,0591	−7	−0,0699	43	−0,0641	0	−0,0099	57	56
45	−0,0598	−7	−0,0654	45	−0,0639	−2	−0,0154	55	55
46	−0,0604	−6	−0,0609	45	−0,0638	−1	−0,0209	55	54
47	−0,0610	−6	−0,0562	47	−0,0635	−3	−0,0262	53	53
48	−0,0616	−6	−0,0515	47	−0,0632	−3	−0,0315	53	52
49	−0,0621	−5	−0,0466	49	−0,0629	−3	−0,0366	51	51
0,50	−0,0625	−4	−0,0417	49	−0,0625	−4	−0,0417	51	0,50

s	$\binom{s+1}{3}$	Δ	$\dfrac{3s^2-1}{6}$	Δ	$\binom{t+1}{3}$	Δ	$\dfrac{3t^2-1}{6}$	Δ	t